多形态河系相似度计算

王文宁　闫浩文　刘　涛　著

電子工業出版社·

Publishing House of Electronics Industry

北京·BEIJING

内 容 简 介

本书以地图上的多形态河系为研究对象，重点对多形态河系的流域基本单元特征、识别方法以及相似度计算方法进行研究。全书采用定量分析的方法，从全局和局部角度挖掘流域基本单元的特征规律，揭示多形态河系流域基本单元的相似性特征与差异性特征，可为河系形态识别、相似度计算提供理论依据；从多个角度构建多形态河系的描述指标，采用监督式学习方式构建顾及流域基本单元特征的 GraphSAGE 河系形态识别模型，灵活传递邻居河段信息，有效挖掘多形态河系的潜在关联特征，实现多形态河系的精确识别；围绕多形态河系的典型特征构建面向多形态河系相似度计算的指标体系，采用图傅里叶变换将两个河系在空域的形态特征转换到频域内构成两个向量，通过欧氏距离度量两个向量的距离从而得到河系的相似度，为河系综合质量评价提供有效依据。

本书可供地理信息相关专业的本科生、研究生阅读，也可作为高校和科研院所相关专业教学和科研人员的参考用书。

图书在版编目（CIP）数据

多形态河系相似度计算 / 王文宁等著. —北京：电子工业出版社，2024.6
ISBN 978-7-121-47896-3

Ⅰ. ①多… Ⅱ. ①王… Ⅲ. ①水系－水文计算 Ⅳ. ①P333

中国国家版本馆 CIP 数据核字（2024）第 105813 号

责任编辑：谭海平
文字编辑：张萌萌
印　　刷：三河市华成印务有限公司
装　　订：三河市华成印务有限公司
出版发行：电子工业出版社
　　　　　北京市海淀区万寿路 173 信箱　　　邮编：100036
开　　本：700×1000　1/16　印张：9.75　　　字数：153 千字
版　　次：2024 年 6 月第 1 版
印　　次：2024 年 6 月第 1 次印刷
定　　价：79.00 元

凡所购买电子工业出版社图书有缺损问题，请向购买书店调换。若书店售缺，请与本社发行部联系，联系及邮购电话：（010）88254888，88258888。
质量投诉请发邮件至 zlts@phei.com.cn，盗版侵权举报请发邮件至 dbqq@phei.com.cn。
本书咨询联系方式：（010）88254552，tan02@phei.com.cn。

前 言

河系在地图中扮演着"骨架"要素的角色，能够有效地表达地形的起伏和地理特征，并在地图综合、多尺度表达、地理空间分析等领域发挥着重要作用。多形态河系具有几何特征复杂、空间分布多样、局部差异大等特点，给地理信息系统的分析和处理带来了巨大挑战。随着数字化程度的不断提高，人们对河系综合的需求也愈加迫切。此时，多形态河系空间知识挖掘、智能化识别技术以及以相似度量化综合质量的评价方法已成为阻碍。为了在河系综合中有效利用地理特征，选用恰当的综合方法和质量评价方法得到理想的综合结果，需要着重研究多形态河系的流域基本单元特征、识别方法以及相似度计算方法。

首先，定量研究多形态河系的流域基本单元特征。利用流域基本单元的质心距离、面积与周长、面积与长度之间的关联关系指标，从全局和局部角度定量计算多形态河系流域基本单元特征，分析其规律和趋势，进而揭示多形态河系流域基本单元的相似性特征与差异性特征，为河系形态识别、相似度计算提供理论依据。

其次，提出一种考虑河系局部流域单元形态的监督式图神经网络方法。从河系整体层级、局部流域和河段个体 3 个层面构建多形态河系识别特征体系。引入 GraphSAGE 图神经网络，构建顾及河系局部流域单元形态的监督式GraphSAGE 图神经网络模型。通过多层聚合函数将低维空间河系形态特征聚合到高维空间，挖掘河段之间深层次的潜在关联特征，从而实现河系形态识别，达到精确识别多形态河系的目的。

最后，提出一种面向多形态河系相似度计算的图傅里叶方法。首先，从河系整体层级、局部流域和河段个体 3 个层面选取河段汇入角度、河系 Strahler 编码、流域基本单元的伸长比与圆度比来准确描述河系的形态；其次，构建河系对偶图，将计算两个河系的相似度转换到计算两幅图的相似度；最后，利用图傅里叶变换方法，将河系特征转换到频域中，依据河系在频域中表现出的特征，利用欧氏距离计算两个河系的相似度。

在本书中，读者可扫描下方的二维码查看高清彩图，以辅助阅读与分析。

本书的著者王文宁在甘肃农业大学执教，著者闫浩文和刘涛在兰州交通大学执教。在本书的写作过程中，得到了兰州交通大学何毅教授、杜萍副教授，甘肃农业大学李广教授、齐广平教授、鄢继选副教授、李嫱副教授，兰州大学王文银博士，以及兰州交通大学李朋朋博士、高晓蓉博士，天水师范学院王荣副教授的悉心指导与帮助。此外，兰州交通大学禄小敏副教授与李文德副教授提供了实验指导与帮助。本书的完成还得到了诸多学生的大力支持，包括博士生马瑞峰、刘双童、孙立，以及硕士生马天恩、吕凯军、李德辉、张子皓、强博。在此，著者向他们表示诚挚的感谢。

由于著者学识和眼界有限，本书中的疏漏之处在所难免，敬请各位读者批评指正。

彩图

目　　录

第1章 绪 论

在自然界中，河系的发育很容易受地形、气候条件、下垫面等因素影响[1-2]，从而塑造出几何特征复杂、空间分布多样、局部差异大的形态[3]。河系形态能够有效反映地理空间对象的分布与局部流域地质构造信息，展示地理现象的演化过程和相互作用，帮助人们推断水文变化的规律等[4-6]。多形态河系指的是由多条河流、支流和汇流组成的复杂河网系统，在空间中表现出独特的规律性。由于这些河系的形态各异且相互交织，因此给地理信息系统的分析和处理带来了很大的挑战。在河系综合中，地图综合是将制图综合的方法应用在河系中的一种专题综合，但其不是简单通用方案在河系中的直接应用，而是应重点考虑河系自身的地理特征、空间特征和结构层次关系等[7-8]。对于不同形态的河系，地图综合需要充分考虑其独特特征，准确识别河系形态，并采用更为严谨的技术和方法进行地图综合，以便更准确地展示河系的形态特征，从而增强地图的可读性和易用性。

1.1 选题背景及研究意义

多尺度向量地图数据库不仅是国家数据基础设施的核心组成部分，还是国家经济、国防与军事建设的空间定位基础和重要的战略物资。其建设传统上采用"多库多版本"方法，即同时保存多尺度的地图数据。然而，这种方法数据冗余度大、更新困难，导致人力和财力的浪费。理想的建库方法为"一库多版本"方法，即利用一种大尺度的地图数据自动生成小尺度的地图数据[9-10]。大尺度地图的准确率比较高，但是包含的信息量相对较少，而小尺度地图的准确率比较低，但是包含的信息量相对较多。因此，在不同的应用场景下，需要使用不同尺度的地图数据。地图综合是指将不同尺度下的地图数据自动地集成、融合、转换和优化，自动地从大尺度的地图数据中提取关键信息，生成适合小尺度下显示的地图数据，同时保证地图的正确性、可读性和美观性[11-12]。

在地图综合中，河系作为地形的"骨架线"，是支撑空间分析和提供空间服务的基础要素之一，也是地图向量空间数据库的重要组成部分[13]。在河系向量数据库中，河系具有丰富多样的形态，研究河系的形态对地图综合[14]、水文模拟[15]、地形知识发现具有重要作用[16]。在地图综合中，通常将结构识别作为首要步骤[17]。在河系综合过程中，一般针对不同形态的河系选用不同的综合方法，本质是充分利用多形态河系在空间中表现出的独特特征，直接或间接地控制河系综合过程，有效保留地理特征[18-19]。因此，无论是河系的选取与简化，还是河系综合质量的评价，都离不开对多形态河系的研究。

河系形态是河系要素在空间联系上的高级形式，是空间地理信息中不可或缺的重要知识[20]。河系形态融合了几何、水文和地理环境特征，构成了一个复杂的网络。由于该网络的内部特征之间存在相关性和异质性，因此制定能够准确识别河系形态的识别规则变得非常困难[21]。河系形态识别一直是水文学、地质学和地貌学研究的重要课题。河系流域基本单元是流域的最小基本单元，能够直接或间接地反映局部特征。不同形态的河系流域基本单元特征具有异质性，整体性和关联性强，能够较为灵敏地反映局部特征。通过对流域的大小、形态、坡度、排水密度和河流长度等特征进行定量分析，可以更好地理解流域的动态特征，并在地图综合过程中保留重要的地理特征[22]。河系形态是区域内地理环境特征的重要体现，提供了有关地形的宝贵信息，如河流的位置、流域的范围及河系的流向。这些对象是地图需要重点表达的目标，对于准确呈现地貌特征至关重要。地图综合不仅是地理要素的删除，还是在保持原始地图基本信息和细节的同时，保留河系形态特征，这有助于人们更好地理解和使用地图。此外，通过比较未知地区与已知地区的河系形态相似性，可以预测该地区的地质构造信息。例如，与不规则的河系形态相比，树枝状、羽毛状、格子状、平行状、扇子状河系通常表现出更规则的分布格局。利用这些信息，可以进行河系综合质量评价，并据此推行适当的区域水文模拟和管理政策。

鉴于此，本书从地学规律和河系综合的需求出发，针对多形态河系的复杂空间特征与结构，对多形态河系的流域基本单元特征、识别方法以及相似度计算展开深入研究。

随着数字化程度的加深，人们对河系综合的需求也愈加迫切，多形态河系的空间知识挖掘理论与识别方法有待完善。因此，研究多形态河系的流域基本单元特征、识别方法以及相似度计算对多形态河系综合的理论与实践具有重要意义。本书主要有以下 3 点意义。

（1）探究多形态河系流域基本单元的特征规律，促进多形态河系空间知识的有效挖掘，完善河系综合的相关理论。

从制图综合的因素来看，制图区域的地理特征是制图的客观要求[23]。河系作为地形的"骨架线"，控制着地图上其他要素的综合，在多要素协同综合中具有重要的指导意义[24-26]。河系流域基本单元作为流域的最小基本单元，其特征能够真实反映制图区域的地理特征。挖掘多形态河系流域基本单元的典型规律特征可为多形态河系综合、河系形态识别等提供重要的理论依据。

（2）丰富河系形态识别技术，提升河系形态识别的准确率，从而提高多形态河系综合的自动化水平。

制图综合不是简单的地理要素取舍，而是在深入理解空间认知和空间分布模式的基础上，对地理要素的分布及其关系特征进行高度概括的过程。因此，河系形态识别是河系综合的首要任务[27]。在地貌等因素的影响下，发育过程中的河系会形成结构组织特殊的复杂网络系统，而河系形态正是对该网络系统的高度提炼与概括。对于复杂的河系网络系统，人们需要结合领域知识，针对性地采用智能化方法准确识别其河系形态，进而提高多形态河系综合的自动化水平。

（3）构建面向多形态河系的相似度计算方法，完善空间相似关系理论，为河系综合质量评价、检索等空间数据智能化处理提供支撑。

相似关系是空间关系的主要分支，它构成了地图综合的基础理论。同时，相似关系也是实现地图综合算法、综合过程控制以及综合质量评价自动化的关键方法[28-30]。多形态河系具有丰富的空间结构特征，并隐含着地形的局部地质特征。针对多形态河系，构建准确的相似度计算方法，并将其应用于河系综合质量评价中。这种做法有几点好处：首先，可以定量评价多形态河系综合质量；其次，可以提高河系综合质量评价的自动化水平；最后，在河系向量数据库中检索多形态河系时的智能化程度、准确率和速度将大大提高。

1.2 向量河系研究进展

多形态河系是地理信息表达与人类认知的重要体现。了解河系在地图上的特定形态或布局，可以帮助我们深入了解有关地形的宝贵信息。例如，河流的位置、流域的范围及河系的流向等。在河系综合过程中，通过保留河系形态来确保地图的准确性。此外，通过河系之间的相似性度量，可以得到更加准确的水文模型。当前对河系的特征、形态识别及相似度计算已经有了不少的研究成果，本节主要对研究现状进行总结与分析，以找出存在的问题。

1.2.1 河系特征简介

河系是由众多河流和支流组成的水系，这些河流和支流在空间上相互连接，构成了独特的数据组织结构[31]。河段是河系的基本构成单元，河流是由多条河段按照一定的顺序和关系连接而成的。河系具有丰富多样的特征，这些特征在河系的智能化处理研究中得到了广泛应用。下面分别从河系的主要特征以及河系特征的主要应用两方面对其现状进行分析。

河段是河系的基本构成单元。河段具有长度、方向和流速等特征，在微观尺度上反映河系独特的弯曲、流向和流动等特征[32]；河流是河系最重要的组成部分之一，其长度、面积、宽度和横剖面形态等特征在中观尺度上反映河系的分布、组成、结构及河谷特征等[33]；河系的等级、发育系数、不均匀系数以及河系流域的面积、形态和密度等特征在宏观尺度上反映河系分支繁多、地形多样和流域范围广等特征[34]。

在地图向量河系的研究中，基于空间关系理论，通过考虑距离、方向、拓扑等因素，相关研究已提出大量的指标来描述河系特征[35-36]。其中，利用距离关系反映河系的长度、弯曲等特征[37]；利用方向关系可以推断出河系的主流[38]；利用拓扑关系反映河系的连接特征[39-40]。水文学中定义了一系列指标来描述河系整体流域特征，如河系流域的形态因子、伸长比和圆度比等[41-42]。上述指标被广泛应用于河系的综合、结构化管理、相似度计算以及形态识别等研究中，本质上是从不同角度表达河系的多维特征。河系综合的目标是实现地理特征的简化与概括,即通过保留重要河段来反映综合前后河系的地理特征。在河系综合过程中,一般采用多个指标加权的方法来衡量河系的重要性[43]。文献[44]和文献[45]考虑了河系的长度、角度等特征,构建了树枝状河系的 stroke,用其来反映河系的层次关系,并利用密度指标控制不同层次上河系的数量,从而实现河系的选取。文献[46]指出,汇水区域是由河系长度、间隔、级别等多因子集成的关键地理特征因子,通过结合汇水区域面积与河系间隔来衡量河系的重要性,进而实现河系综合。河系结构化管理是为了查明和建立河系的分布规律与结构关系[47]。文献[48]考虑了河段的长度、分叉数和主流方向等指标,利用朴素贝叶斯方法训练得到主流识别模型,实现了河系主流和支流的查找。文献[49]和文献[50]通过河系支流之间的连接关系,建立河系的层级结构,从而方便河系向量数据结构的管理。河系相似度计算用来衡量河系之间在特征方面的一一对应程度[28]。文献[51]利用河系的距离、拓扑、属性、方向指标构建河系相似度计算体系,通过函数拟合的方法揭示多尺度河系的相似关系。文献[52]通过大批量样本统计的方法,采用中位数 Hausdorff 距离度量河流要素的多尺度相似性,并探究中位数 Hausdorff 距离随尺度变化的定量函数关系。河系形态识别是一个复杂的智能识别问题,通过判断河系之间指标特征的差异来实现其识别。文献[53]和文献[54]通过考虑河段汇入角度和流域形态特征,利用模糊逻辑和知识推理等方法,实现河系形态识别。文献[55]通过考虑河系的流域基本单元特征,利用多层神经网络有效挖掘河系更加全面的结构特征和丰富的局部特征,实现河系形态识别。已有研究分别从微观、中观、宏观尺度研究了河系的特征,并广泛应用于河系形态识别、河系综合和水文模拟中。

现有的研究对象主要集中于河段、河系和整个河系网,很少关注河系流域基本单元。多形态河系具有异质性,其局部独特特征难以概括,而河系流域基本单元的整体性和关联性强,能够较为灵敏地反映局部特征。然而,目前很少有研究关注基于河系流域基本单元的多形态河系特征,这就限制了对河系全局和局部特征的深入认识。因此,有必要以河系流域基本单元为研究对象,深入挖掘其全局和局部特征。

1.2.2　河系形态识别

模式识别主要有两类任务，其一是对模式的描述，其二是对模式的识别[56]。模式的描述是指对模式的特征进行提取、分析和描述。模式描述的目的是提供一种对模式的理解和刻画方法，为后续的模式识别任务奠定基础；模式的识别是指给定一组数据，通过预先学习的模型或算法，对其中的模式进行识别。模式识别通常包括数据预处理、特征提取、模型训练和测试等步骤，其目的是从数据中提取有用的特征信息，进而对数据进行识别或预测。模式的描述和模式的识别是模式识别的两个核心方面，两者相互依存、相互促进。良好的模式描述可以提高模式识别的准确率和效率，且优秀的模式识别算法也需要依托精准的模式描述。

以下简要介绍河系形态描述指标和河系形态识别方法。

（1）河系形态描述指标。目前，河系形态描述指标主要以反映河系的空间关系与整体流域特征为主。其中，反映河系空间关系的几何、拓扑和方向等指标大多用于描述河系的长度、弯曲度和连接等关系[57-58]。水文学中，主要考虑河系的整体流域特征，利用形态因子、伸长比和圆度比等指标反映流域的面积与周长、面积与长度的关系[59-61]。然而，复杂的河系中缺少精细的流域单元局部特征指标来描述河系形态，因此影响了河系形态识别的准确率。

（2）河系形态识别方法。水文学、地质学和地貌学对河系形态有详细的定义和划分[62]，主要在概念层次上对不同形态河系的典型特征、发育地和气候等进行描述[63-65]。随着知识获取与管理技术的发展，知识推理方法被应用于河系形态识别研究中。该方法主要通过统计方法分析不同形态河系在相关特征上的差异[66]，进而建立层次识别的推理机制，实现河系形态的识别[67-69]。该方法主要依赖于制图专家的制图知识和经验。然而，由于不同专家在背景知识等方面存在差异，难以通过单一的指标进行准确的推理，因此增加了该研究的难度。自然界中的多形态河系往往杂糅在一起，不同形态河系之间存在一定的自相似性，为此，许多研究主要基于河系的自相似性，采用分类器方法，充分利用模糊逻辑、支持向量机等技术，来解决河系形态识别的非线性问题[70-71]。近年来，基于数据驱动的深度学习方法为河系形态识别问题提供了新的思路[72]。近期研究引入了图卷积神经网络，成功构建了河系形态识别模型，实现了河系形态的识别，取得了良好的结果。

该模型采用了一种全图的计算方法，即一次计算就更新整条河段的特征。

在河系形态描述指标中，已有研究通过提取大量的河系特征构建了相关的河系形态识别规则，取得了良好的成果，但其忽略了河系的流域基本单元特征。同时，河系形态识别方法依旧依靠严格的识别规则，因此无法捕捉数据样本的丰富特征，不能对样本之间的联系进行灵活的分析。虽然已有研究利用图卷积神经网络构建了河系形态识别模型，提高了河系形态识别的自动化水平[55]，然而，这些模型学习到的节点特征很大程度上与图结构相关。而河系形态的发育深受局部地理环境的影响，因此需要不断更新邻居河段信息，从而得到目标河系的整体特征。现有的方法忽略了邻居河段之间的关联特征，使河系形态识别的准确率受限。因此，迫切需要构建准确的河系形态识别模型。

1.2.3 河系相似度计算

了解河系相似度计算，首先需要知道相似性的概念和计算方法，以及河系相似度的计算方法。因此，下面从相似性与河系相似度计算方法两方面对相关文献进行分析和总结。

（1）相似性。相似性是指两个或多个事物在某些方面的相似程度。不同领域中的相似性有着不同的含义和应用。例如，在音乐学中，人们根据不同的曲调来分辨不同的歌曲。相似性的本质是系统间的客观特性存在相似，相似性反映特定事物之间属性和特征的相似性与差异性[73]，主要有概念相似性、结构相似性和特征相似性等。相似度则是对相似性程度的具体度量。相似度在信息化时代的应用非常广泛。例如，数学中利用三角形的边与角的特征，度量三角形的相似性。地图相似度计算方法中可以通过欧氏距离、曼哈顿距离和汉明距离等计算出特定事物之间的差异程度，根据差异程度间接计算相似度，也可以利用余弦相似度、皮尔森相关系数、Jaccard 相似系数直接计算相似度。地理空间中存在大量的相似现象，通过对地理要素的相似性度量，可以获得空间系统、空间场景之间所隐含的空间知识[74]。

（2）河系相似度计算方法。河系相似度计算方法是通过比较两个或多个河系之间的各种特征参数来判断它们之间的相似性或差异性的一种方法。

目前，河系相似度计算方法主要以统计河系的相关性为重点，通过比较不同河系的长度、分支数量、分支长度等指标，计算河系之间的相似度。河系相似度计算方法包括对单因子、多因子相似度的计算。单因子相似度计算是单独考虑河系在某个特征上的相似度，更加看重该方面的特征。例如，计算河网结构的相似度，是将河系结构抽象为一个网络结构，并通过网络拓扑结构的比较，计算河系之间的相似度；计算形态特征的相似度，是通过比较河系的形态特征，如宽度、深度和流速等指标，计算河系之间的相似度；计算河系地形特征的相似度，是通过比较河系周围的地形特征，如高程、坡度和地貌类型等指标，计算河系之间的相似度。多因子相似度计算则是考虑河系的多个特征因子，采用加权的方法计算河系之间的相似度。

文献[75]将河系的几何特征划分为 3 个层次的信息特征，即单个河系的形态特征、局部区域的结构特征和全局范围的分布特征。具体操作方法如下：首先，结合夹角链码法与 Hausdorff 距离计算单个河系形态相似度。其次，根据"二八定律"确定局部区域，通过转换坐标系来计算不同尺度河系局部区域的结构相似度。最后，综合整体描述得到全局范围的分布相似度。

文献[76]利用拓扑关系概念邻域图定义河系之间的拓扑关系相似度，利用方向均值定义河系之间的方向关系相似度，利用"环形方差"定义河系之间的距离关系相似度。通过结合河系的长度、平均长度、密度和曲折度建立河系相似度计算模型，实现河系相似性的整体度量。该文献利用河系的距离、拓扑、属性和方向指标构建了河系相似度计算体系，并将其应用于多尺度河系相似度的计算。

河系相似度计算方法难以有效利用河系的结构特征，很少顾及河系的形态特征。现有研究多是围绕河系的几何、拓扑等指标，利用统计模型计算河系的相似度，但该模型无法量化丰富的空间结构关系。虽然河系形态分析中涉及空间认知的复杂过程，包括趋势、关系、形态、运动和模式等，并被应用于河系相似度计算中，但是很少采用定量的方法来度量多形态河系的相似性。此外，定性的方法无法准确量化河系之间的差异，增加了从河系向量数据库中挖掘隐藏信息的难度，也限制了河系向量数据智能化处理的水平。因此，需要构建面向多形态河系的相似度计算方法。

1.3 研究内容与本书组织

1.3.1 研究对象

本书的研究对象为地图上的多形态河系，主要包括树枝状河系、羽毛状河系、格子状河系、平行状河系和扇子状河系。多形态河系向量数据主要来源于基础地理信息数据服务平台和美国地质调查局（United States Geological Survey, USGS）。其中，基础地理信息数据服务平台提供 1 : 250000 的河系向量数据，USGS 提供 1 : 24000 的河系向量数据。

1.3.2 研究目标

针对存在的问题，本书的总体目标为研究多形态河系的流域基本单元特征、识别方法以及相似度计算方法，具体内容分为以下 3 点。

（1）多形态河系流域基本单元特征的挖掘方法。为解决对多形态河系流域基本单元特征关注不足的问题，本书提出挖掘多形态河系流域基本单元特征的方法。以河系流域基本单元为研究对象，将流域基本单元的质心距离、面积和周长作为基础特征，构建多形态河系向量数据库，采用数据驱动的方法，在大量河系向量数据样本中，从全局与局部的角度分析多形态河系流域基本单元的质心距离、面积与周长、面积与长度之间关联关系的分布情况，从而挖掘多形态河系流域基本单元的典型规律特征。

（2）顾及河系局部流域单元形态的 GraphSAGE 河系形态识别神经网络方法。针对河系形态识别方法中，对河系形态指标考虑不全及对河段之间局部潜在关联特征挖掘不足的问题，本书提出顾及河系局部流域单元形态的 GraphSAGE 河系形态识别神经网络方法。首先，结合水文学知识，从河系整体层级、局部流域和河段个体 3 个层面构建河系形态特征体系，更加全面地描述河系形态特征；其次，采用数据驱动的方法，基于 GraphSAGE 图神经网络构建河系形态识别模型，并利用采样函数和聚合函数学习河段的邻居特征，以提高灵活传递局部河段特征的性能；最后，采用监督式学习方法完成模型的训练与测试，实现河系形态识别。

（3）多形态河系相似度计算的图傅里叶方法。现有的河系相似度计算方法没有考虑到河系的形态，且在计算相似度的过程中对河系的结构特征考虑不足。本书提出一种面向多形态河系相似度计算的图傅里叶方法，该方法将计算两个河系的相似度转为在频域中计算两个河系图的相似度。首先，将河段作为图的节点，河段之间的关系作为图的边，构建河系对偶图，并提取河段的特征作为节点特征，突出河段特征在河系整体特征中的有效表达。其次，通过计算河系对偶图拉普拉斯矩阵的特征值和特征向量，实现对河系结构特征的有效捕捉。在进行图傅里叶变换后，频域内可实现河系结构特征与形态特征的有效融合。最后，利用频域中河系特征之间的欧氏距离实现对多形态河系相似度的计算。

1.3.3 研究内容

本书分别研究了多形态河系的流域基本单元特征、识别方法以及相似度计算方法，具体内容主要包括以下 3 个方面。

（1）挖掘多形态河系流域基本单元特征的规律。首先，基于河段上的点，构建 Delaunay 三角网，根据局部河段与三角网边的邻接个数关系，提取三角网的中线，获取每条河段的流域范围，实现对河系流域基本单元的提取；其次，选用流域基本单元的质心距离、面积与周长、面积与长度之间的关联指标来量化流域基本单元特征；最后，定量计算流域基本单元特征，从全局与局部两个角度分别分析流域基本单元特征，更加全面地揭示多形态河系流域基本单元的典型规律特征。

（2）构建河系形态识别的图神经网络模型。首先，从空间认知学、河系综合和水文学的角度，分别从河系整体层级、局部流域和河段个体 3 个层面获取能够准确反映河系整体特征与局部水文特征的指标，构建河系形态描述指标体系；其次，将河段作为图的节点，河段之间的关系作为图的边，构建河系对偶图，实现河系结构的形式化表示；最后，构建多形态河系向量数据库，将训练集数据输入到图神经网络模型中进行监督式学习，构建包含采样邻居河段与聚合河段信息的图神经网络模型，生成多形态河系的节点嵌入向量，通过全连接层提取整个图的表示特征，实现河系形态识别。

（3）面向多形态河系相似度计算的图傅里叶方法。首先，构建河系对偶图并提取能够描述河系形态的特征，实现河系结构的形式化表示与特征表达。其次，将河的形态特征作为一种信号，利用图傅里叶变换对其进行分解并转化为频域信息。这一过程可以有效地提取多形态河系的内在结构特征，并将其表示为具有可比性的特征向量，从而更加准确地把握河系的形态特征。最后，比较不同河系图傅里叶变换的结果，对河系的形态特征进行分析与比较，并利用欧氏距离计算两个河系特征之间的距离，从而实现多形态河系相似度的计算。

1.3.4　本书组织

本书将多形态河系作为研究对象，研究多形态河系的流域基本单元特征、识别方法以及相似度计算方法。将多形态河系在流域基本单元上表现出的独特特征作为构建多形态河系的 GraphSAGE 识别方法，并将 GraphSAGE 识别方法识别出的河系作为多形态河系相似性度量的对象，3 个方面的研究内容相互贯穿，联系紧密。本书总体组织结构如图 1.1 所示。

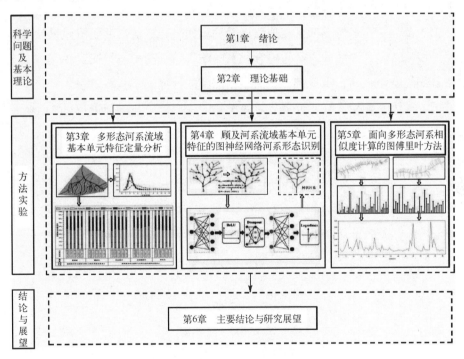

图 1.1　本书总体组织结构

第 1 章为绪论，主要阐述多形态河系的流域基本单元特征、识别方法以及相似度计算方法的背景与意义。通过总结向量河系研究进展，分析目前研究存在的主要问题，进而确定研究对象、研究目标、研究内容和本书组织。

第 2 章为理论基础。首先，介绍河系基本结构与特征；其次，阐述河系的发育与空间分布形态；最后，从图论基础、图傅里叶变换、图卷积运算和图神经网络学习过程介绍图神经网络。

第 3 章为多形态河系流域基本单元特征定量分析。提出以河系流域基本单元为定量分析的主要对象，选取相应的流域特征指标，采用定量分析的方法，探讨多形态河系的全局与局部特征，挖掘多形态河系流域基本单元的规律性特征。

第 4 章为顾及河系流域基本单元特征的图神经网络河系形态识别。从河系整体层级、局部流域和河段个体 3 个层面出发，选取河系的 Strahler 编码、流域基本单元特征以及河段汇入角度作为河系形态识别模型学习的重要特征，利用 GraphSAGE 图神经网络构建河系形态识别的模型实现河系形态识别，并对模型的性能、参数敏感性等进行分析。

第 5 章为面向多形态河系相似度计算的图傅里叶方法。利用图傅里叶变换将河系的特征转化到频域中，有效融合河系的结构特征与形态特征。在频域中度量河系特征的欧氏距离，实现多形态河系相似度的计算。

第 6 章为主要结论与研究展望。对本书的主要结论和创新进行总结，阐述目前研究存在的问题并对未来可能的研究方向进行展望。

第2章 理 论 基 础

2.1 河系基本结构与特征

2.1.1 河系基本结构

河系是由众多河流和支流组成的水系，在空间上相互连接，有着独特的数据组织结构。河系的基本结构如图2.1所示，包括河系中的点、线、面3类基本结构。

点的结构中主要有3类：河流的发源地为河流源头，两条河流交汇的地方为河流交汇点，河流流出的地方为河流出水口。

线的结构相对较多，包括河段、河流、河系、主河道、支流、汇流和分水线。其中，任意两个河流点连接在一起形成河段，河段是河系的最小基本单元；河流是由河段按照其属性连接在一起形成的；众多河流汇合组成的网状结构为河系；主河道是指河系的主要流向，一般来说，是整个河系中水流量最大的部分；支流是从主河道中分离出来的河流，与主河道汇合后流向同一目的地；汇流是由两条或多条河流汇合而成的一条河流；分水线通常是由高地或山脉的山脊形成的，由于水流通常沿着最低点流动，因此山脊为最高点。在山脊的两侧，雨水或融雪水向下流动，在引力的作用下，分别汇入不同的河流或湖泊。所以，山脊是河系的分水线[77]。

面的结构主要包括两类，分别为流域和流域基本单元。

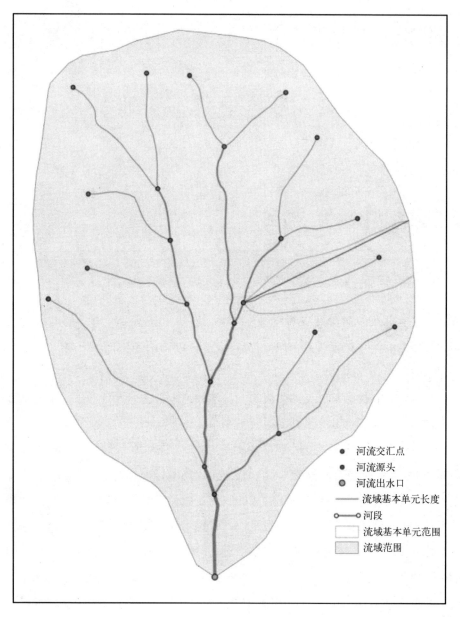

图 2.1 河系的基本结构

　　流域一般是指由地面分水线所包围的集水区或汇水区。流域是水文学研究的基础空间单元。考虑地面分水线与地下分水线的关系，以及河流槽的切割深度，可以将流域分为闭合流域和非闭合流域。

一个流域按其内部的分水线可分成若干比较小的流域，在这些比较小的流域内部，又可以按其内部的分水线分成更小的流域，这样不断划分下去，直至最终的结果无法再被划分，此时的流域为流域基本单元。流域基本单元的确切位置通常根据数字高程模型（Digital Elevation Model，DEM）计算，但该方法不适用于河系向量数据中，此时可以从河系中获得其近似值，如凸壳等。

2.1.2　河系特征

河系是自然界中重要的水文系统之一，河系形态和水文过程受到许多因素的影响。学者们通过对河系形态和水文过程的深入研究，逐渐认识到河系的几何、拓扑和流域地貌等特征对河系系统的影响。例如，河系长度和坡度对河系的水力学特性和生态环境有着直接影响；流域面积和流量对水资源管理和洪涝灾害防范等方面具有重要的意义；流域地貌特征对流域水文循环和生态环境等方面起着关键作用[78-80]。

1. 几何特征

河系的几何特征主要包括长度、弯曲度和河长比等参数，这些参数可以反映出河系的自然状态和人为干扰的程度，以及其对河系水文过程的影响。

在计算河系长度时，需要标记河系的起点和终点，然后沿着河系的主流线路将全长累加起来作为河系的长度。将编码等级相同的河系的长度累加，得到该等级下的河系长度。河系长度通常为整个河系的长度，是整个河系网络的总长度，也就是包括主河道及其所有的支流、支流的支流等组成的总长度。

在河系上标记起点和终点，起点和终点连线的直线长度与河系长度的比值作为河系的弯曲度。弯曲度是由许多因素决定的，包括河床的形态和岩石的硬度等。河系在流经不同地形和地貌特征时会发生弯曲。

河长比为河系中第 W 级河系的平均长度与第 $W-1$ 级河系的平均长度之比。一般来说，河长比越小，说明河系的分支越多，流域面积越大，总长度也就越长。

河系密度是指在一个特定的地区内，河系总长度与该地区总面积之比。这个比值越高，说明该地区的河系分布越密集。通常，河系密度较高的地区往往是水资源较为丰富的地区，也可能存在一些地质特征，如陡峭的山脉和丰富的降水量，这些地质特征有助于形成更多的河流和支流[81]。

汇入角度是指一条河流或水系在汇入另一条河流或水系时的夹角。汇入角度对河系的水力学过程和流域的地貌演化有重要影响[82]。当汇入角度比较小时，汇入处的水流速度会增加，水流的冲击力也会增大，这会加强水流的侵蚀作用，形成峡谷等地貌特征。相反，当汇入角度比较大时，汇入处的水流速度会减小，这会加强水流的沉积作用，形成三角洲等沉积地貌。此外，汇入角度还影响河系系统的分支模式。当汇入角度比较小时，河系容易分支成多条支流，形成分支状河网，而当汇入角度比较大时，河系容易形成单一的主河道。河段的汇入角度示例如图 2.2 所示。角 α 表示河段 BC、AC 的交汇角，a 表示河段 BC 的长度，b 表示河段 AC 的长度，c 表示两条河段上游汇入点之间的距离。

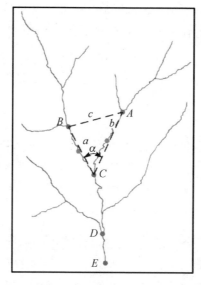

图 2.2　河段的汇入角度示例

2. 拓扑特征

河系的拓扑特征是指河系系统中河系的分布、连接和分支情况，用来反映河系的结构和演化历史。由于利用定性的方法划分主流和支流难以满足定量分析中对河系数量的需求，因此，普遍使用河系编码的方法来定量反映河系的拓扑特征。第一种是以河段为单元的编码方法，例如，Shreve 编码、Scheidegger 编码和 Strahler 编码；第二种是以河流实体为单元的编码方法，例如，Gravelius 编码、Horton 编码和 Branch 编码。基于河段的编码方法可以反映河系中河段的数量概念，基于河流实体的编码方法可以反映具体河流在河系中的深度，表示该河流实体在河系结构中所处的层次。不同类型的河系编码如图 2.3 所示。

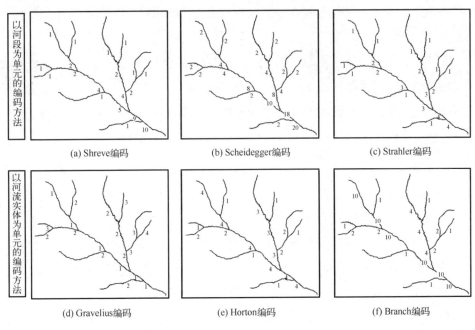

图 2.3　不同类型的河系编码

Shreve 编码是用于描述河系系统的一种方法，由美国地理学家 Robert E. Shreve 于 1966 年提出。Shreve 编码将河系的起始河段定义为 1 级河系，即最小的不分叉河系，两条河段交汇形成的河段的等级为这两条河段的代数和[83]。

与 Shreve 编码不同的是，Scheidegger 编码将最小的不分叉河系定义为 2 级河系，两条河段交汇形成的河段的等级为这两条河段的代数和，以此类推，完成整个河系的等级编码，利用该编码得到的河系编码均为偶数[84]。

Strahler 编码将河系的起始河段定义为 1 级河系。当两条河段编码相同时，Strahler 编码值增加 1；当两条河段编码不同时，河段的等级由上游等级最高的两条河段决定，且沿着河系的流向增长，河流源头所在河段的编码值最小，河流出水口所在河段的编码值最大。

Gravelius 编码是在 1914 年提出的一种河系编码方法。在目标河系中，定义最大的主流为 1 级河系，与 1 级河系连接的最大支流为 2 级河系，与 2 级河系连接的最大支流为 3 级河系，以此类推，完成整个河系的等级编码[85]。

Horton 编码是在 1945 年提出的一种河系编码方法，它定义最小的没有支流的河系为 1 级河系，只有 1 级河系汇入的河系为 2 级河系，有 1、2 级河系汇入的河系为 3 级河系，以此类推，完成整个河系的等级编码[86]。

在 Branch 编码中，河系的等级等于该河系的各级支流的数量加 1。支流的数量指的是汇入该河流的各级支流的数量的总和，而不是只局限于下一级的支流[87]。这种按照支流的数量确定的河系等级规则称为支流规则，也称 Branch 规则。

3. 流域地貌特征

河系的流域地貌特征是指在河系流经的区域内地形、地貌和地理环境的特征。这些特征对河系的形成和发展具有重要的影响，也决定了河系的特点和性质，包括流域面积、流域长度和流域宽度等。

流域面积是流域分水线包围区域的平面投影面积。流域面积是衡量一个河系大小的重要指标之一。它的大小对水文循环和河系生态系统的运作都有很大的影响。流域面积的大小也直接关系到河系所能接收的水量的多少。

目前，有两种方法可以计算流域长度（流域的轴长）：第一种是以河流出水口为中心做同心圆，在同心圆与流域分水线相交处绘出许多割线，各割线中点的连线即为流域长度[88]；第二种是将河流出水口断面至流域分水线的最大直线距离称为流域长度[89]。

流域宽度是指在流域长度的正交方向上，分水线之间的最大直线距离。

流域周长为流域边界的分水线的长度。

流域形态是指一个河系流域的外形，受到地形、地质、气候和水文等因素的影响。流域形态有很多种类，如圆形、长方形、三角形和椭圆形等。不同形态的流域对水文过程的影响也不同。此外，流域形态还会影响水文循环。例如，一个面积较小的流域，可能会出现较大的降雨，导致洪水灾害的发生。若以定量的方法来描述流域形态，需要考虑流域面积、流域长度和流域周长等基本特征。围绕流域面积与周长的关系、流域面积与长度的关系构建相应的指标来具体说明河系的流域形态特征。

1）流域面积与周长的关系

圆度比（R_C）是流域面积与等量周长的圆面积之比，可以通过公式（2.1）计算[90]。它是描述流域形态的一个重要指标，通常用来反映流域的陡缓程度和水文特征。圆度比的取值范围为 0~1。圆度比越接近 1，流域形态越趋近圆形，表明流域的自然条件较为均衡，其水文特征也越趋于均衡。反之，圆度比越小，流域形态越趋近长条形，表明流域的自然条件可能存在明显的差异，其水文特征也越趋于快速响应。

$$R_C = \frac{4\pi A}{p^2} \tag{2.1}$$

紧凑度系数（C_C）是流域周长与等量面积的圆周长之比[91]，通常用来反映流域形态的复杂程度。它是无量纲的参数，可以通过公式（2.2）计算。紧凑度系数越接近 1，流域形态越趋近圆形，流域的径流产流过程和汇流时间越短，且流域内径流的形成和水文过程比较集中，水文过程的响应较快；紧凑度系数小于 1 时，流域形态相对简单，即流域的水流路径比较直，水流的时间和距离较短，对水文过程的影响也相对较小；紧凑度系数大于 1 时，流域形态比较复杂，即流域的水流路径比较曲折，水流的时间和距离较长，对水文过程的影响也相对较大。

$$C_C = \frac{p}{2\sqrt{\pi A}} \tag{2.2}$$

2）流域面积与长度的关系

形态因子（R_f）是流域面积与其长度平方之比，通常用来反映流域长轴和短轴的差异程度，可以通过公式（2.3）计算[91]。形态因子越接近 1，流域形态越趋近圆形，流域长短轴之间的差异较小，流域的水文特征比较均衡，水文过程比较稳定。然而，形态因子越接近 0，流域形态越趋近长条形，流域的水文特征不太均衡，水文过程不稳定。因此，形态因子可以用来评价流域的水文特征和水文过程的稳定性。

$$R_f = \frac{A}{L^2} \tag{2.3}$$

伸长比（R_e）是指流域面积与某圆面积相等时，该圆的直径与流域长度之比[92]，可以通过公式（2.4）计算。伸长比通常用来反映流域形态"离开"圆心的距离，取值范围为0～1。当取值范围为0.9～1时，流域形态趋近圆形；当取值范围为0.8～0.9时，流域形态趋近椭圆形；当取值范围为0.7～0.8时，流域形态为较不拉长型；当取值范围为0.5～0.7时，流域形态为拉长型；当取值小于0.5时，流域形态为较拉长型。伸长比越低，说明该地区对侵蚀的敏感性越高，具有地形陡峭、高起伏和高径流等特征；反之，伸长比越高，说明该地区具有低起伏、平缓地形、低径流等特征。

$$R_{\mathrm{e}} = 2\sqrt{\frac{A}{\pi}} \, / \, L \tag{2.4}$$

圆度比、紧凑度系数、形态因子和伸长比均使用严格的圆度度量方法定量描述流域基本单元特征，该度量方法受到其适用性的限制。此外，上述指标也不能直观地反映流域的实际形态。为了解决这些问题，相关研究提出利用双纽线因子（K）描述流域形态[93]。双纽线因子可以通过公式（2.5）计算。当K为1时，流域形态定义为圆形；当K大于1且越大时，流域形态越扁平。例如，给定长轴分别为5、3，短轴均为2的椭圆样例，通过计算得到K的值分别为2.5、1.5。通过这种定义，能够更加直观地度量流域形态与给定样例形态的差异程度。双纽线因子与流域形态的关系如图2.4所示。

$$K = \frac{\pi L^2}{4A} \tag{2.5}$$

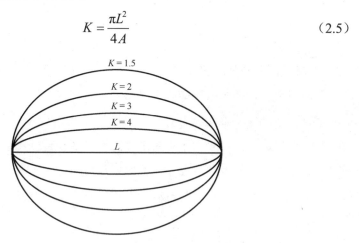

图2.4　双纽线因子与流域形态的关系

2.2 河系的发育与空间分布形态

2.2.1 河系的发育

河系的发育是指在一定的地理条件下，由降水和地表径流形成河系系统及其演化的过程。河系的发育与地质构造、岩性和地貌密切相关[94-95]。

地质构造是地壳内部的变动和变形，包括山脉、断层、抬升和沉降等地质特征。地质构造会直接影响河系的走向和排水方向。例如，在地质构造的抬升区域，山脉间可能会形成河系，且沿着地质构造线的走向形成沟谷型河系。而在地质构造的断陷盆地中，河系可能会形成湖泊或在平坦地区形成冲积平原。

岩性是指地壳中不同类型的岩石，包括砂岩、页岩和花岗岩等。岩性的特征会影响水的侵蚀和沉积作用，进而影响河系的形成和演化。例如，柔软的砂岩容易被水侵蚀，形成河道的剖切和崩塌；坚硬的花岗岩则相对难以侵蚀，形成陡峭的河岸或瀑布。此外，岩性的差异还会造成沉积物的堆积，导致河床的改变和河系的迁移。

地貌是地表形态的总称，包括山脉、高原、平原和峡谷等，复杂的地貌环境会对河系的走向、流域的特征以及地貌变化产生影响。河系的地貌特征随着时间的推移和河系条件的变化而发生改变。

2.2.2 河系的空间分布形态

河系的空间分布形态是指河系在地理空间上的分布规律和特征，受地形、水文和地质等条件的影响。地形条件是决定河系形态的主要因素之一。例如，地形的高差和坡度会对河系的流速和输沙能力产生影响，从而影响河系形态；水文条件，如径流量、水位和洪水频率等，也会对河系形态产生影响。例如，径流量大的河系一般具有较大的宽度和深度，而洪水频率高的河系则可能形成宽阔的洪泛平原。地质条件是形成河系形态的基础，不同岩性的地质体对河系形态的影响也不同，例如，柔软的沉积物容易被冲刷形成宽阔的河谷，而坚硬的岩石则容易形成陡峭的河床。

地图作为一种表达空间信息的工具，其空间结构实质上用来反映地理现象空间分布的特征。一般而言，地理现象空间分布是不均匀的，表现出一定的规律。这些规律不仅能够在地图上清晰地展现出来，还可为地理研究和规划提供重要的参考，形成一定的结构模式[96]。例如，建筑物群组的直线模式、河系的树枝状模式等[97-98]。典型的河系形态如表 2.1 所示。

表 2.1　典型的河系形态

河系形态	示意图	具体描述
树枝状		主流与支流呈树枝状形态，是河系发育中较普遍的类型，一般出现在抗侵蚀能力相当的沉积岩或变质岩地区。主流与支流、支流与支流之间呈指向下游的锐角相交
格子状		河流以近乎正交的方法排列，相互平行或呈直角相交，形成类似格子状的结构
平行状		主流两侧的支流分布较均匀，汇流时间长。暴雨过后，洪水在流经区域的停留时间较长。主流与支流、支流与支流之间的河道平行或近似平行
羽毛状		支流短而密集，均匀地分布在主流的两侧，并以近似直角的方法汇入主流。它通常出现在断层谷地或断层悬崖一侧，或出现在线性褶皱地区
扇子状		支流从不同方向汇入主流，形成扇子状的结构。这种排水模式在汇合时比较集中，容易发生洪涝灾害，如海河河系

续表

河系形态	示意图	具体描述
辫子状		它由许多交错的河道组成，这些河道之间呈现出像辫子一样交织在一起的形态。它通常出现在高原或山区，因为这些地区的降雨量较大，水流较急，所以河道容易产生分支和交汇的现象
网状		河流由多个交汇点相连形成网状结构。它通常出现在地形相对平坦的地区，如河口平原或低洼地带
辐射状		多条河流从一个中心点向不同方向延伸，类似于辐射线。它通常出现在平原或盆地，因为这些地区的地形相对平坦，所以适合河流向不同方向延伸
向心状		多条河流由不同方向汇集到一个中心点，类似于向心的放射线。它通常出现在山地或高原，因为这些地区的地形多为高低起伏状，所以形成多条河谷汇集的地形

2.3　图神经网络

图神经网络是一种针对图数据结构的深度学习模型，对节点和边进行特征提取和表示学习[99]。图神经网络最早出现在 20 世纪 80 年代，用于节点分类、边预测、社区发现和图嵌入等任务中。自 2014 年以来，图神经网络已得到快速发展，它的出现极大地拓宽了深度学习的应用范围，成为机器学习领域的热点研究方向之一，引起了学术界和工业界的广泛关注。以下为 3 种基于图神经网络的方法。

（1）传统图论方法。早期的图神经网络模型可以追溯到 20 世纪 80 年代和 20 世纪 90 年代的传统图论方法，包括 Graph Laplacian[100]、Random Walk 和 PageRank 等方法。这些方法主要用于处理无向图和有向图中的节点和边，其中，最具代表性的是 PageRank 方法，用于对网页进行排序。然而，这些方法存在一些限制，例如，它们只能处理简单的图，难以处理高维的、稠密的图数据，也无法处理带有复杂属性的节点和边。

（2）基于神经网络的图嵌入方法。随着神经网络的发展，一些研究人员开始探索利用神经网络来处理图数据。2003 年，Gori 等人提出了图神经网络的概念，即将神经网络的思想应用于图嵌入中。图神经网络模型通过将每个节点和边嵌入低维向量空间中，可以进行后续的机器学习任务，如分类和回归。图神经网络模型在当时得到了一定的关注，但由于其计算效率低下、训练困难等问题而被抛弃。

（3）基于消息传递的图神经网络模型。2014 年，Bruna 等人提出了一种基于卷积神经网络的图嵌入方法，称为 Spectral Networks。该方法将图视为一个信号处理系统，通过局部卷积操作对节点和边进行特征提取。2017 年，Gilmer 等人提出了一种基于消息传递的图神经网络模型，该模型将每个节点和边的特征向量传递给邻居节点和边来更新特征向量。这种方法称为消息传递神经网络（Message Passing Neural Network，MPNN）。MPNN 模型具有较强的表示能力和可扩展性，被广泛应用于图分类、节点分类和图生成等任务中。

2.3.1　图论基础

图论是现代数学的一部分，也是计算机科学、网络科学、物理学和化学等领域的基础和工具。图论是由若干点和它们之间的边构成的抽象数学模型，用于研究图的性质和结构，以及由此引发的各种应用问题。图被定义为一组节点（顶点）和它们之间的边（边缘）的集合。图的节点可以表示物体、概念、人或其他任何事物，边则表示这些节点之间的关系。图的定义如图 2.5 所示。

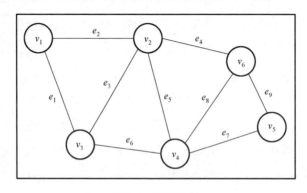

图 2.5　图的定义

图可分为无向图和有向图。在无向图中，边是没有方向的；在有向图中，边是有方向的。图的节点和边可以带有权重，表示不同的度量或成本。例如，在社交网络中，节点可以表示人，边可以表示人与人之间的友谊关系，边的权重可以表示人与人之间的亲密程度或互动频率。无向图与有向图如图 2.6 所示。

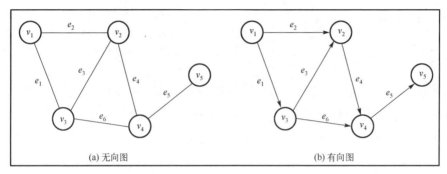

图 2.6　无向图与有向图

图论中有一些基本的概念，包括路径、环、连通性和度数。路径是从一个节点到另一个节点的边的序列；环是起点和终点相同的路径；连通性表示图中节点之间是否有路径相连；度数表示节点与其邻居节点的连接数。在无向图中，一个节点的度数等于与其相连的边的数量；在有向图中，一个节点的度数分为入度和出度，分别表示到达该节点的边的数量和从该节点出发的边的数量。

将图的节点与边进行转换，即将原始图的节点作为边、边作为节点来构图，这样构造的图称为对偶图。对偶图在道路网、河系网络分析中经常被使用[101-102]。构建河系对偶图的过程如图 2.7 所示。

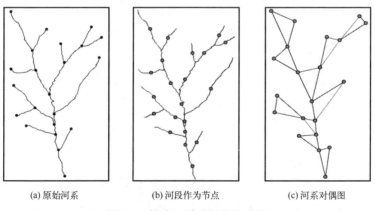

(a) 原始河系　　　　(b) 河段作为节点　　　　(c) 河系对偶图

图 2.7　构建河系对偶图的过程

图论的应用非常广泛，包括计算机网络、电路设计、计算机视觉和组合优化等领域。例如，在计算机网络中，图论可以用于设计最优的路由算法；在电路设计中，图论可以用于分析电路的布线情况；在计算机视觉中，图论可以用于图像分割和匹配等任务。

2.3.2 图傅里叶变换

傅里叶变换是一种数学工具，可以将一个信号（声音、图像或电信号等）分解成不同频率的基本成分。这种分解可以帮助人们更好地理解信号的性质并对其进行分析。实际信号的傅里叶变换和逆变换如图 2.8 所示。图像处理领域对傅里叶变换有广泛的应用。对于一个二维图像，可以将其视为一个二维函数，然后对该函数进行傅里叶变换后，得到一个频谱图。该频谱图显示了二维图像中所有频率成分的幅度和相位信息，可以帮助人们分析图像的特性，如纹理、边缘和颜色分布等。此外，傅里叶变换也常用于图像压缩和滤波等应用中。通常可以利用快速傅里叶变换（Fast Fourier Transform，FFT）算法对傅里叶变换的计算过程进行加速。例如，在图像处理领域中，使用 FFT 算法对图像进行频谱分析和滤波操作。

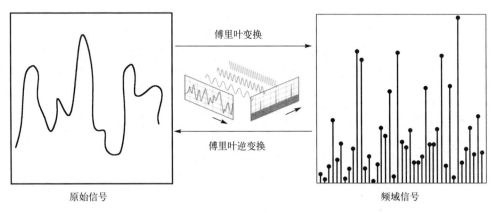

图 2.8　实际信号的傅里叶变换和逆变换

图傅里叶变换（Graph Fourier Transform，GFT）是一种将图信号表示为频域分量的技术。GFT 基于图的信号处理技术，将图像表示成图结构（节点和边）的形式。其中，节点表示图像中的像素，边表示像素之间的相互作用。GFT 的矩阵表示不是对角矩阵，而是特征向量矩阵，这使得它能够更好地处理不规则和复杂的图像。通过计算图的拉普拉斯矩阵的特征向量，可以将图信号转换到频域中。GFT 广泛应用于图像处理、计算机视觉和机器学习等领域。GFT 是离散傅里叶变换（Discrete Fourier Transform，DFT）的推广。

傅里叶变换将信号从时域空间转换到频域空间，给信号处理带来了极大的便利，它是数字信号处理的基础。傅里叶系数本质上是图信号在傅里叶基上的投影，用来度量图信号与傅里叶基之间的相似性。图傅里叶变换和逆变换如图 2.9 所示。

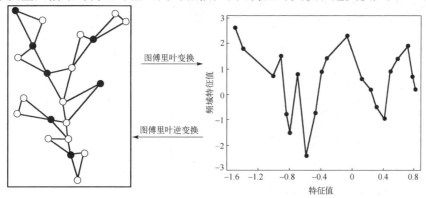

图 2.9　图傅里叶变换和逆变换

2.3.3　图卷积运算

卷积运算是一种常用的信号处理技术，它通常用于图像处理、音频处理和自然语言处理等领域中。在图像处理中，卷积运算可以用来检测图像中的纹理、边缘等特征。卷积运算的基本思想是将一个卷积核应用于输入信号中，通过卷积核与输入信号的逐元素乘积并求和，得到输出信号中对应位置的值。在卷积运算中，卷积核的每个元素都是可调的参数，其最优值可以通过训练得到。根据卷积的维数不同，可以将其分为一维、二维和三维卷积。不同维度的卷积如图 2.10 所示。

一维卷积是指将一个长度为 n 的一维向量（例如，时间序列）与一个长度为 m 的一维卷积核进行卷积操作。在一维卷积中，卷积核沿着输入向量的长度的方向移动，从而对整个向量进行滑动窗口操作。卷积结果的长度为 $n-m+1$。

二维卷积是指将一个二维矩阵（例如，图像）与一个二维卷积核进行卷积操作。在二维卷积中，卷积核沿着输入矩阵的行和列的方向移动，从而对整个矩阵进行滑动窗口操作。卷积结果的大小取决于卷积核和输入矩阵的大小。

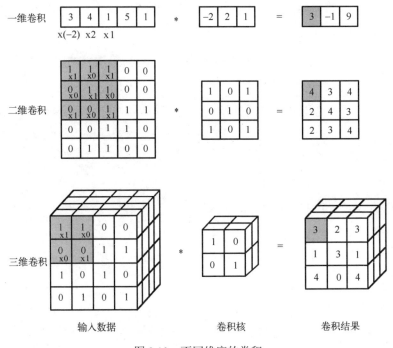

图 2.10　不同维度的卷积

三维卷积是指将一个三维张量与一个三维卷积核进行卷积操作。在三维卷积中，卷积核沿着输入张量的深度、行和列的方向移动，从而对整个张量进行滑动窗口操作。卷积结果的大小取决于卷积核和输入张量的大小。

图卷积运算是一种在图结构上进行卷积的方法，用于处理图数据[103]。与传统卷积运算在二维图像上进行卷积不同，图卷积运算在节点和边上进行卷积操作。由于图卷积运算考虑到了节点之间的连接关系，因此，它保留了图的拓扑结构特征。图卷积运算通过定义一种卷积核函数，对节点和它的邻居节点进行卷积运算。卷积核可以视为一组权重参数，用来计算每个节点和它的邻居节点之间的关系。卷积运算有多种设计方法，大致可以分为两类：第一种是基于空间设计的卷积方法，称为空域卷积；第二种是基于谱设计的卷积方法，称为频域卷积。

（1）空域卷积。空域卷积通过设计卷积核提取图像的结构特征[104]。具体来说，在空域卷积中，卷积核是根据图结构中节点之间的连接关系设计的，这样可以显式地利用图像的结构特征。卷积操作将卷积核与每个节点和它的邻居节点进行卷积，并生成新的节点。此时，空域卷积可以有效地捕捉图像中的局部结构特征，从而提取图在空域中的特征。

GraphSAGE 图神经网络是一种基于图数据在空域内进行卷积操作的神经网络模型。GraphSAGE 图神经网络的核心是在节点的邻域内进行聚合，然后通过多层神经网络的卷积层进行特征提取。具体来说，首先，GraphSAGE 图神经网络利用一个相对简单的聚合函数（如均值函数、最大值函数等）对每个节点的邻域进行聚合，得到一个包含邻居节点信息的向量。然后，这些向量通过多层神经网络的卷积层进行特征提取，从而获得更具有区分性的节点。

（2）频域卷积。频域卷积基于谱图理论，设计频域滤波器用于提取图的频域中的特征[105]。它利用图的拉普拉斯矩阵的特征值和特征向量进行卷积操作，从而提取图的频域中的特征。具体来说，首先，频域卷积将输入的图像转化为拉普拉斯矩阵，并对其进行特征值分解，得到特征值和特征向量。然后，将卷积核也表示为拉普拉斯矩阵的特征向量，并将其与输入图像的特征向量进行卷积，得到频域卷积的结果。这种方法可以在频域中处理图像，从而在一定程度上提高了卷积的效率和准确率。

图卷积神经网络是一种基于图数据在频域内进行卷积操作的神经网络模型。具体来说，图卷积神经网络利用图信号的拉普拉斯矩阵对输入节点特征进行变换，然后进行卷积操作。这个过程可以视为在频域中对图信号进行滤波操作，通过多层的卷积操作，图卷积神经网络可以逐步聚合邻居节点信息，与传统的卷积神经网络不同，图卷积神经网络利用卷积操作保留了图的拓扑结构特征。

2.3.4 图神经网络学习过程

因为图数据具有不规则性，所以传统的神经网络在处理图数据时面临很大的困难。直到图神经网络的提出，神经网络可以在图数据上取得有效的学习结果。图神经网络学习过程可以视为一个对图的特征进行学习的过程，它可以利用图数据中节点之间的关系，对节点、边和图进行建模，提高了图数据的学习效果。此外，图神经网络还可以处理各种规模和密度的图数据，并且具有较好的鲁棒性和可扩展性。

图神经网络可以用来解决不同的任务，主要包括节点任务、边任务和图任务3类。对于节点任务，图神经网络的目标是对图中的每个节点进行预测或分类，通过学习节点之间的关系和节点自身的特征，可以捕捉到节点之间的复杂关系，并将结果应用于节点任务中。例如，在社交网络中，可以使用图神经网络对用户进行聚类或推荐。对于边任务，图神经网络关注的是图中的每条边，目标是对图中的每条边进行预测或分类。例如，在化学领域中，可以使用图神经网络对分子结构进行预测和建模，通过学习原子之间的相互作用和化学键的特征，捕捉到分子的结构特征，从而实现分子属性的预测和分子设计的优化。对于图任务，图神经网络关注的是图的节点与边之间的空间关系和上下文信息，从而提高其在图任务上的性能，目标是对整个图进行预测或分类。例如，在图像识别中，可以使用图神经网络对图像的特征进行提取和分类。总之，图神经网络能够有效地处理图数据，并利用图结构中的关系进行学习和推理，从而为各种任务提供强大的建模能力。因此，在许多领域，如社交网络、化学分子预测和图像识别等方面，图神经网络已成为一种非常有前途的学习方法。

以下分别为侧重节点任务、边任务和图任务的图神经网络学习框架。

（1）侧重节点任务的图神经网络学习框架。侧重节点任务的图神经网络学习框架是指通过对每个节点的特征进行学习，来解决与节点相关的任务。例如，利用节点进行分类、回归或聚类等。侧重节点任务的图神经网络学习框架如图 2.11 所示，f_1 与 a_1 表示第一个卷积层与激活层，且前面一层的输出为后面一层的输入，在整个过程中，图的结构不会发生改变。在节点任务中，卷积操作是一种常见且有效的方法，通常通过连续堆积多个卷积层，每个卷积层都可以视为在节点上进行局部平滑操作，以便更好地捕捉节点之间的局部信息来解决最终的节点任务。这些任务是图深度学习在节点层面上的关键任务，可以更好地理解和分析各种类型的图数据，并从中提取有用的信息。例如，在节点分类任务中，图神经网络的目标是为每个节点分配一个类别标签；在节点回归任务中，图神经网络的目标是预测每个节点的一个或多个连续值属性；在节点聚类任务中，图神经网络的目标是将相似的节点分在一组。侧重节点的任务如表 2.2 所示。

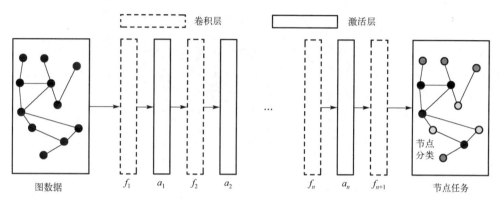

图 2.11　侧重节点任务的图神经网络学习框架

表 2.2　侧重节点的任务

节点任务	具体说明
节点分类	该任务旨在将节点分配到一组预定义的标签中，标签可以是二元的，例如，存在或不存在某种特征，也可以是多元的，例如，不同类型的节点
节点嵌入	该任务旨在将节点映射到低维向量空间中。其中，节点之间的相似性可以通过它们在向量空间中的距离来度量。该任务还可以用于许多其他任务中，例如，节点分类、节点聚类和节点相似性比较等
节点聚类	该任务旨在将节点分成不同的组，使得每组内的节点彼此相似，而不同组之间的节点不相似。该任务可以更好地理解图的结构和组织
节点预测	该任务旨在预测节点的未来状态。例如，节点未来可能连接的边、节点未来可能接收的标签等
异常检测	该任务旨在识别图中具有异常特征的节点。例如，与预期的节点行为不同的节点

（2）侧重边任务的图神经网络学习框架。边是图的重要组成部分，用来连接不同的节点，以表示节点之间的关系。侧重边任务的图神经网络学习框架如图 2.12 所示，f_1 与 a_1 表示第一个卷积层与激活层，前面一层的输出为后面一层的输入，在整个过程中，图的结构不会发生改变。

侧重边任务的图神经网络学习框架主要有边的分类和预测。边分类通常是指对边的某种性质进行预测，如边的类型、边的权重等。这些预测能够更好地理解图的结构和特征，为下一步的分析和处理提供基础。例如，在社交网络中，边的分类可以预测两个用户之间是否存在好友关系和是否存在共同兴趣等，而边预测则是判断给定的两个节点之间是否构成边的问题。通过边预测，可以构建图的拓扑结构，从而更好地理解和分析图中的信息。例如，在推荐系统中，可以将用户作为节点，将用户之间的关系作为边，通过边预测实现社交用户的推荐。目前，边层面的任务主要集中在推荐业务中，例如，社交网络推荐、商品推荐和音乐推荐等。侧重边的任务如表2.3所示。

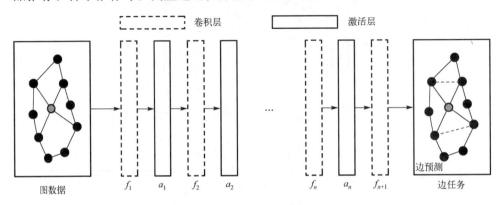

图 2.12　侧重边任务的图神经网络学习框架

表2.3　侧重边的任务

边任务	具体说明
边分类	给定一个图和一条边，该任务是预测这条边的标签。例如，在社交网络中，可以将两个人之间的关系视为一条边，并将该边标记为"朋友""家人""同事"等标签
边预测	给定一个图和部分已知边，该任务是预测图中的未知边。例如，在社交网络中，可以通过已知的朋友关系预测两人之间是否存在未知的朋友关系
边的权重预测	给定一个图和一组边，该任务是预测每条边的权重。例如，在一个城市地图中，可以将每个街区之间的距离表示为边的权重
边聚类	给定一个图，该任务是将边分组为不同的类别。例如，在一个推荐系统中，可以将用户与商品之间的关系表示为一个图，并将商品划分为不同的类别，例如"家居用品""运动器材"等

　（3）侧重图任务的图神经网络学习框架。侧重图任务的图神经网络学习框架的核心思想是通过学习节点或边之间的关系来提取整个图而不是单个节点或边

的表示，从而高效地解决图任务。侧重图任务的图神经网络学习框架如图 2.13 所示，f_1 与 a_1 表示第一个卷积层与激活层，p 表示池化层，前面一层的输出为后面一层的输入，在整个过程中，图的结构会发生改变。

在该过程中考虑了图数据的拓扑结构，并在计算节点或边的表示时，将其邻居信息考虑在内。侧重图任务的图神经网络学习框架可以对节点或边进行表示学习，从而实现对图数据的分析和处理。节点表示学习将每个节点都映射为一个向量，利用卷积等操作对节点的表示进行更新。然而，图表示学习则将整个图映射为一个向量，同时池化层对生成的节点进行汇总。池化层一般位于一系列的卷积层与激活层之后，经过池化层后，图神经网络会产生更抽象和更高级别的粗化图，从而进行图的分类、回归和聚类等任务。侧重图的任务如表 2.4 所示。

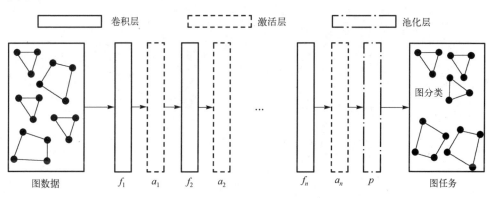

图 2.13　侧重图任务的图神经网络学习框架

表 2.4　侧重图的任务

图任务	具体说明
图分类	该任务将整个图分为不同的类别。例如，将分子结构分为不同的化学类别
图回归	该任务可以预测整个图的属性。例如，预测蛋白质分子的性质
图聚类	该任务将相似的图聚类到同一个群组中。例如，将社交网络用户聚类到相似的社交圈子中
图匹配	该任务将两个图匹配，以找到它们之间的相似之处。例如，将两个蛋白质分子结构进行配对，以度量它们之间的相似性
图生成	该任务用于生成新的图，这些图与给定的图具有相似的结构和属性。例如，生成新的分子结构

2.4 小结

本节主要介绍了与河系相关的基本概念、河系形态识别方法以及与图神经网络相关的理论，为后面的章节提供了主要的理论支撑。首先，介绍河系基本结构的定义及其相关特征、河系的发育的地貌学原理以及在地貌环境影响下如何形成不同形态的河系；其次，详细介绍图论、图傅里叶变换以及图卷积运算的相关知识；最后，从图的节点层面、边层面以及图层面介绍图神经网络的整个学习过程。

第3章　多形态河系流域基本单元特征定量分析

多形态河系流域基本单元特征定量分析旨在分析不同形态河系流域基本单元的特征，提出以河系流域为基本单元，选取相应的指标，采用定量分析的方法，探讨多形态河系的全局和局部特征，从而挖掘多形态河系流域基本单元的规律性特征。

3.1　流域基本单元提取

提取准确的河系流域基本单元对流域基本单元特征定量分析具有重要作用。准确的流域基本单元范围可以在数字高程模型（Digital Elevation Model，DEM）数据中获得，但由于本书使用的是河系向量数据，所以此方法并不适用。因此，采用Delaunay三角网提取近似的流域基本单元范围。在河系向量数据中，每条河段的长度间隔不一致，因此，首先对河段加密，考虑到Delaunay三角网的生成和计算时间的影响，本书采用距离加密方法，设置距离间隔为7m；其次，通过提取河段上的所有节点，生成Delaunay三角网，利用Delaunay三角网中三角形边与河段连接个数的属性对其进行识别；最后，针对不同类型的Delaunay三角网，提取Delaunay三角网的中轴线，连接中轴线从而得到河系流域基本单元的边界。不同形态河系流域基本单元的提取过程如图3.1所示。

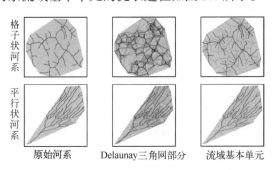

图 3.1　不同形态河系流域基本单元的提取过程

3.2 流域基本单元特征定量计算

河系的发育受地质构造等因素的影响，河系流域基本单元的整体性和关联性强，能够较为灵敏地反映河系的局部特征[106]。本书利用了一些相关指标来准确地分析河系流域基本单元的特征。例如，流域基本单元的质心距离、面积与周长、面积与长度之间的关系等。分析多形态河系流域基本单元特征的技术路线如图 3.2 所示，包括流域基本单元提取、特征提取和特征分析。首先，采用 Delaunay 三角网提取流域基本单元；其次，从质心距离分布、面积与周长关系、面积与长度关系 3 个方面考虑特征提取的内容；最后，从全局与局部两个角度分析多形态河系流域基本单元的特征。

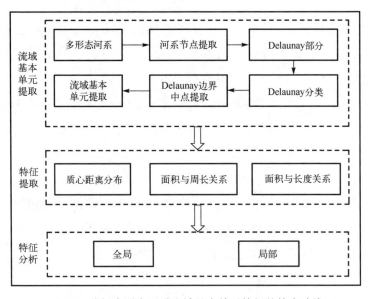

图 3.2 分析多形态河系流域基本单元特征的技术路线

3.2.1 质心距离定量计算方法

为了评估流域基本单元的紧凑特征，本书采用流域基本单元质心到流域分水线的一组距离来度量其紧凑性[107]。首先，提取每个流域基本单元的质心；其次，从质心引出线段至流域分水线上的点；最后，计算质心到流域分水线上每个点的距离。流域基本单元特征如图 3.3 所示,线段 d_n 为流域基本单元的质心距离,每个流域基本单元的质心距离可以用集合 d 表示,即

$$d = \{d_1, d_2, d_3, \cdots, d_n\}$$

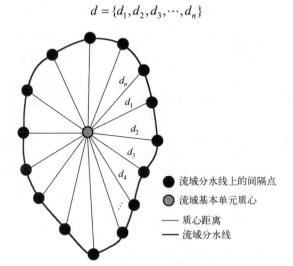

图 3.3　流域基本单元特征

为了分析流域基本单元的紧凑特征,即分析集合 d 所表示的质心距离的分布特征,本书引入偏态系数和峰态系数来分析流域基本单元质心距离的集中趋势、离散程度、对称性和偏斜程度等特征。

偏态系数是由统计学家皮尔逊(K. Pearson)于 1895 年提出的,它是对数据分布对称性的测度,可以通过公式(3.1)计算:

$$SK = \frac{\sum (d - \bar{d})^3}{n\sigma^3} \tag{3.1}$$

其中,SK 为偏态系数,d 为变量,即流域基本单元的质心距离,$\bar{d}$ 为变量的算术平均数,n 为变量的个数,σ 为变量 d 的标准差。

当数据呈现对称分布时,偏态系数等于 0。如果偏态系数显著不等于 0,则表明数据分布是非对称的。具体来说,如果偏态系数为正,则说明数据为右偏分布;如果偏态系数小于 0,则说明数据为左偏分布。根据偏态系数的值,可以进一步判断数据分布的偏态程度。当偏态系数为 –0.5~0.5 时,则可认为数据分布为轻度偏态;当偏态系数为 0.5~1 或 –1～– 0.5 时,则可认为数据分布为中度偏态;当偏态系数大于 1 或小于–1 时,则可认为数据分布为高度偏态。

峰态系数是由统计学家皮尔逊（K. Pearson）于 1905 年提出的，是一种用于度量数据尖锐程度和扁平程度的统计学指标。它是通过与标准正态分布的峰态系数进行比较来计算的，可以通过公式（3.2）来计算：

$$k = \frac{n(n+1)}{(n-1)(n-2)(n-3)} \sum_{i=1}^{n} \left(\frac{d_i - \overline{d}}{\sigma} \right)^4 - \frac{3(n-1)^2}{(n-2)(n-3)} \tag{3.2}$$

其中，n 为变量的个数，d_i 为第 i 个变量的值，$\overline{d}$ 为变量的算术平均数，σ 为变量的标准差。

由于标准正态分布的峰态系数为 0，因此，如果峰态系数显著不等于 0，则表明数据分布相对于标准正态分布而言更为扁平或者尖锐；如果峰态系数大于 0，则表明数据分布相对于标准正态分布而言更为尖锐且更为集中；如果峰态系数小于 0，则表明数据分布相对于标准正态分布而言更为扁平且更为分散。

3.2.2 面积与周长、长度关联关系定量计算方法

本节使用 2.1.2 节中描述河系流域的指标来定量计算多形态河系流域基本单元面积与周长、面积与长度之间的关系。其中，选用圆度比与紧凑度系数来度量流域基本单元面积与周长之间的关联关系；选用形态因子、伸长比和双纽线因子来度量流域基本单元面积与长度之间的关联关系。

3.3 实验结果和讨论

为了获取河系流域基本单元的特征，本书采用数据驱动的方法，构建多形态河系（树枝状、羽毛状、格子状、平行状和扇子状河系）的数据集，并在此基础上提取河系流域基本单元，计算河系流域基本单元的相关指标。最后，从全局和局部两个视角定量计算多形态河系流域基本单元的特征，挖掘其规律和趋势。

3.3.1 数据准备

为了得到多形态河系流域基本单元的独特特征，本书构建了高质量多形态河系向量数据库。从中国国家空间数据基础设施（National Spatial Data Infrastructure,

NSDI）河系向量数据库中收集多形态河系样本（树枝状、羽毛状、格子状、平行状和扇子状河系），以此进行数据集的裁剪、类别标注与筛选等过程。数据集的构建过程如图 3.4 所示。本实验邀请从事地图学研究的 10 名研究生分别从河系向量数据库中裁剪出多形态河系，同时邀请 5 位具有较高领域知识的制图专家对得到的初始数据集进行筛选。其中，将类别标注结果不同的样本记为不合格，将类别标注结果全部统一的样本记为合格，并对其合格的样本进行拓扑修正。例如，需要对悬挂河段等进行修改。最终，构建包含 5 类典型河系形态的数据集，其中，每类河系样本为 200 个，总计 1000 个。

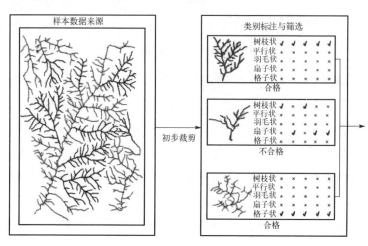

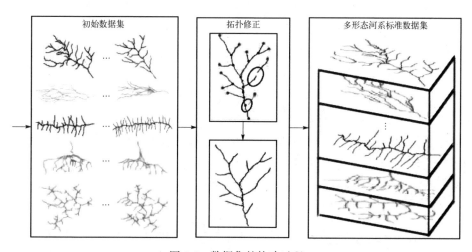

图 3.4　数据集的构建过程

3.3.2 多形态河系流域基本单元全局特征

探讨多形态河系流域基本单元全局特征的主要目的是展示其总体规律与趋势。为了达到这一目的，将每类河系样本的所有流域基本单元特征取平均值，从而得到该类河系样本的全局特征。通过这种方法，可以有效地揭示同形态河系的宏观特征，并根据这些特征的差异性和聚集性来挖掘不同形态河系流域基本单元特征的分布规律。

1. 质心距离分布特征

本书针对 5 类形态河系（树枝状、羽毛状、格子状、平行状和扇子状河系），进行了流域基本单元质心距离的统计与分析。通过分析流域基本单元质心距离的全局分布特征，揭示 5 类形态河系质心距离分布的集中趋势、离散程度、对称性和偏斜程度等特征。流域基本单元质心距离的分布特征如表 3.1 所示。从偏态系数来看，5 类形态河系的偏态系数显著不等于 0，均为不对称特征。其中，树枝状、羽毛状、格子状和扇子状河系的偏态系数为正，为右偏特征，树枝状和扇子状河系为中度右偏特征，而羽毛状和格子状河系为轻度右偏特征，平行状河系的偏态系数小于 0，为轻度左偏特征。从峰态系数来看，5 类形态河系的峰态系数均大于 0，表明 5 类形态河系的流域基本单元质心距离分布更为集中，均为尖锐分布特征。其中，羽毛状河系的峰态系数最大，为 1.64。其次为格子状、平行状、树枝状和扇子状河系，而扇子状河系的峰态系数接近 0，表明扇子状河系流域基本单元质心距离的分布接近标准正态分布。

表 3.1 流域基本单元质心距离的分布特征

河系形态类别	偏态系数	峰态系数
树枝状河系	0.76	0.57
羽毛状河系	0.24	1.64
格子状河系	0.48	0.79
平行状河系	−0.19	0.65
扇子状河系	0.91	0.15

2. 面积与周长关系定量分析

流域基本单元的紧凑度系数与圆度比是反映流域面积与周长之间关联关系

的重要指标。本书对 5 类形态河系的紧凑度系数与圆度比进行分析。流域基本单
元的紧凑度系数与圆度比分布如图 3.5 所示。

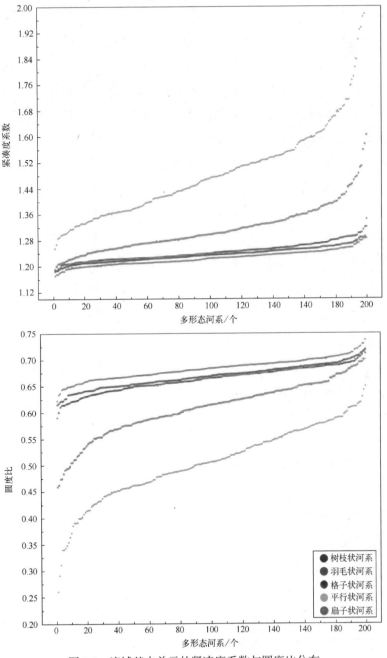

图 3.5　流域基本单元的紧凑度系数与圆度比分布

在紧凑度系数方面，从全局上看，5 类形态河系流域基本单元的紧凑度系数均大于 1，表明 5 类形态河系流域基本单元的形态相对复杂。其中，平行状河系的紧凑度系数分布区间最为广泛。其次是扇子状河系，其流域基本单元的紧凑度系数分布区间在平行状河系与树枝状、羽毛状、格子状河系之间，分布区间上存在重叠现象。树枝状、羽毛状和格子状河系流域基本单元的紧凑度系数分布在较小的区间上，大部分为 1.20～1.28，接近 1，即流域基本单元的形态接近圆形，表现出一定的聚集特征。此外，树枝状、羽毛状和格子状河系流域基本单元的紧凑度系数的集中分布区间比较接近。

在圆度比方面，从全局上看，平行状河系流域基本单元的圆度比分布区间同样较为广泛。其次是扇子状河系，同样扇子状河系的圆度比分布区间在平行状河系与树枝状、羽毛状、格子状河系之间，分布区间上存在重叠现象。树枝状、羽毛状和格子状河系的圆度比仍然分布在较小的区间上，为 0.6～0.7，说明其流域基本单元的形态也接近圆形，同样表现出一定的聚集特征。

在河系流域基本单元面积与周长之间关联关系的定量表达中，可以发现不同形态河系流域基本单元面积与周长之间关联关系的指标值存在差异。其中，平行状河系的指标值分布区间最广，且分布区间明显不同于树枝状、羽毛状和格子状河系，表明该类形态河系流域基本单元的形态明显不同于其他 3 类形态河系。扇子状河系的指标值分布区间介于平行状河系与树枝状、羽毛状、格子状河系之间。树枝状、羽毛状和格子状河系的指标值分布区间较小，且差别不大。

下面更深入地比较 5 类形态河系流域基本单元的紧凑度系数与圆度比的对称特征与聚集特征。5 类形态河系流域基本单元紧凑度系数与圆度比的基本情况分别如表 3.2 和表 3.3 所示。在紧凑度系数中，5 类形态河系流域基本单元的平均值的分布区间为 1.2～1.5。其中，平行状河系流域基本单元的紧凑度系数的平均值最大，标准差也最大，明显大于其他 4 类形态河系的值。其次是扇子状河系，其紧凑度系数的平均值为 1.3131，而其他 3 类形态河系流域基本单元的紧凑度系数的平均值的分布区间为 1.2～1.3。5 类形态河系流域基本单元的紧凑度系数的偏态系数与峰态系数均大于 0，表明 5 类形态河系流域基本单元的紧凑度系数均为右偏特征且尖峰分布。格子状河系流域基本单元的偏态系数为 0.3428，属于轻度右偏，而树枝状与羽毛状河系属于中度右偏，平行状与扇子状河系为高度右偏。羽毛状、平行状和扇子状河系的峰态系数明显大于树枝状和格子状河系的峰态系数，其值大于 2，表明这 3 类形态河系流域基本单元的紧凑度系数分布更为尖锐且更为集中，树枝状和格子状河系流域基本单元的峰态系数接近 0，表明这两类形态河系流域基本单元的紧凑度系数的分布接近标准正态分布。

表 3.2　5 类形态河系流域基本单元紧凑度系数的基本情况

河系形态类别	最小值	最大值	平均值	标准差	偏态系数	峰态系数
树枝状河系	1.1858	1.3207	1.2440	0.0253	0.5952	0.1854
羽毛状河系	1.1863	1.3450	1.2359	0.0220	0.7232	2.2547
格子状河系	1.1711	1.2863	1.2248	0.0210	0.3428	0.3514
平行状河系	1.2559	2.1797	1.4896	0.1455	1.4031	3.1587
扇子状河系	1.1920	1.6047	1.3131	0.0705	1.2610	2.2811

表 3.3　5 类形态河系流域基本单元圆度比的基本情况

河系形态类别	最小值	最大值	平均值	标准差	偏态系数	峰态系数
树枝状河系	0.5901	0.7191	0.6627	0.0228	0.3939	0.0103
羽毛状河系	0.6151	0.7177	0.6681	0.0204	−0.1171	0.3061
格子状河系	0.6227	0.7369	0.6825	0.0188	0.0721	0.2730
平行状河系	0.2609	0.6492	0.5038	0.0698	0.5787	0.4325
扇子状河系	0.4590	0.7109	0.6074	0.0506	−0.6410	0.2595

在表 3.3 中，通过分析 5 类形态河系流域基本单元的圆度比，可以看出 5 类形态河系流域基本单元的圆度比的平均值的分布区间为 0.5～0.7。其中，平行状河系流域基本单元的圆度比明显小于其他 4 类形态河系，且平行状河系的圆度比的平均值小于树枝状、羽毛状和格子状河系的圆度比的最小值，说明平行状河系流域基本单元的形态明显不同于这 3 类形态河系。树枝状、羽毛状和格子状河系流域基本单元的圆度比相差较小，但格子状河系流域基本单元的圆度

比的平均值最大，说明其形态更接近圆。在偏态系数方面，羽毛状和扇子状河系流域基本单元的圆度比均小于 0，为左偏特征。其中，羽毛状河系为轻度左偏，扇子状河系为中度左偏。而树枝状、格子状和平行状河系流域基本单元的圆度比的偏态系数为正，为右偏特征。其中，格子状和树枝状河系为轻度右偏，格子状河系的偏态系数为 0.0721，接近 0，表明格子状河系的圆度比为对称分布的特征。平行状河系流域基本单元的圆度比的偏态系数为 0.5787，为中度右偏。从 5 类形态河系流域基本单元的圆度比的峰态系数中可以看出，峰态系数均大于 0，说明 5 类形态河系流域基本单元的圆度比呈现尖峰分布，表现出聚集特征。其中，树枝状河系流域基本单元的圆度比的峰态系数为 0.0103，表明树枝状河系流域基本单元的圆度比的分布接近标准正态分布。

3. 面积与长度关系定量分析

流域基本单元的形态因子、双纽线因子和伸长比是反映河系流域基本单元面积与长度之间关联关系的重要指标。流域面积与长度之间的关系如图 3.6 所示。

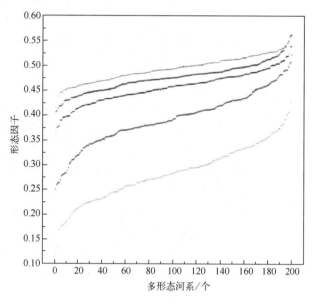

图 3.6　流域面积与长度之间的关系

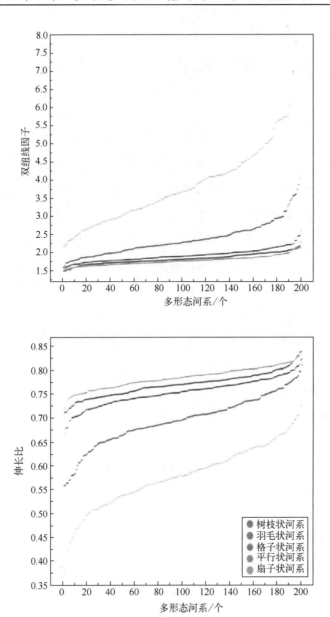

图 3.6　流域面积与长度之间的关系（续）

　　在形态因子方面，从整体来看，平行状和扇子状河系流域基本单元的形态因子分布区间较大，树枝状、羽毛状和格子状河系流域基本单元的形态因子分布区间较小。其中，平行状河系的形态因子相对较小，说明平行状河系流域基本单元的形态接近长条形，其长轴与短轴差异相对较大。扇子状河系流域基本单元的形态因子分布区间在平行状河系与树枝状、羽毛状、格子状河系之间，在分布区间上存在重叠现象。树枝状、羽毛状和格子状河系流域基本单元的形态因子相对较大，说明它们的流域基本单元形态接近圆形，其长轴与短轴差异相对较小。

在双纽线因子方面，从整体来看，5 类形态河系的双纽线因子均大于 1，表明 5 类形态河系的流域基本单元的形态均为扁平的特征，但平行状河系的双纽线因子的分布区间更大，且明显大于树枝状、羽毛状和格子状河系，说明平行状河系流域基本单元的形态更扁平，其次是扇子状河系。树枝状、羽毛状和格子状河系的双纽线因子分布在 1.5～2.5 的较小区间上，说明树枝状、羽毛状和格子状河系流域基本单元的形态更接近长轴分别为 5、3，短轴为 2 的椭圆。

在伸长比方面，从整体来看，同样平行状和扇子状河系流域基本单元的伸长比分布区间较大，树枝状、羽毛状和格子状河系流域基本单元的伸长比分布区间较小。其中，平行状河系流域基本单元的伸长比相对较小，说明平行状河系流域基本单元的形态为拉长型或较拉长型。扇子状河系流域基本单元的伸长比分布区间在平行状河系与树枝状、羽毛状、格子状河系之间，在分布区间上存在重叠现象，主要为拉长型。树枝状、羽毛状和格子状河系流域基本单元的伸长比相对较大，主要为较不拉长型。

为了更深入地比较 5 类形态河系的形态因子、双纽线因子和伸长比的分布特征与离散特征，本书分别对有关数据进行了研究。

5 类形态河系流域基本单元形态因子的分布情况如表 3.4 所示，结果表明平行状河系流域基本单元的形态因子的最小值、最大值以及平均值明显小于其他 4 类形态河系的对应值，格子状河系流域基本单元的形态因子的最小值、最大值以及平均值明显大于其他 4 类形态河系的值，平行状和格子状河系流域基本单元在形态因子上表现出典型的分布特征。在偏态系数方面，羽毛状和格子状河系流域基本单元的偏态系数分别为 0.2877、0.1079，均大于 0，分布区间为 0～0.5，为轻度右偏特征。树枝状、平行状和扇子状河系流域基本单元的偏态系数小于 0，分布区间为 –0.5～0，为轻度左偏特征。其中，平行状河系流域基本单元的形态因子的偏态系数最接近 0，表明其分布与标准正态分布接近。在峰态系数方面，树枝状、羽毛状和格子状河系流域基本单元的峰态系数均大于 0，分布更为尖锐且更为集中，而平行状和扇子状河系流域基本单元的峰态系数均小于 0，但接近 0，表明这两类形态河系的形态因子分布接近标准正态分布。

表 3.4　5 类形态河系流域基本单元形态因子的分布情况

河系形态类别	最小值	最大值	平均值	标准差	偏态系数	峰态系数
树枝状河系	0.3627	0.5410	0.4561	0.0325	− 0.1821	0.0652
羽毛状河系	0.4062	0.5623	0.4763	0.0292	0.2877	0.3772
格子状河系	0.4155	0.6003	0.4938	0.0269	0.1079	0.5877
平行状河系	0.1172	0.4286	0.2834	0.0577	− 0.0694	− 0.0330
扇子状河系	0.2499	0.5220	0.3927	0.0542	− 0.2339	− 0.0385

5 类形态河系流域基本单元双纽线因子的分布情况如表 3.5 所示。平行状河系的平均值明显高于其他 4 类形态河系，表现出明显的拉长特征，最大值与最小值之间的差异也较大。树枝状、羽毛状和格子状河系流域基本单元的双纽线因子的平均值比较接近。其中，格子状河系流域基本单元的双纽线因子的平均值最小。在偏态系数方面，5 类形态河系流域基本单元的双纽线因子均大于 0。其中，羽毛状河系的偏态系数为 0.2377，为轻度右偏特征，树枝状和格子状河系流域基本单元的双纽线因子的偏态系数的分布区间为 0.5～1，为中度右偏特征，平行状和扇子状河系流域基本单元的双纽线因子的偏态系数均大于 1，为高度右偏特征。在峰态系数方面，5 类形态河系流域基本单元的双纽线因子均大于 0。其中，羽毛状河系流域基本单元的双纽线因子的峰态系数最小，为 0.1156，表明其分布接近标准正态分布。平行状和扇子状河系流域基本单元的双纽线因子的峰态系数明显大于其他 3 类形态河系的值，表明其分布较标准正态分布更为尖锐且更为集中。

表 3.5　5 类形态河系流域基本单元双纽线因子的分布情况

河系形态类别	最小值	最大值	平均值	标准差	偏态系数	峰态系数
树枝状河系	1.5730	2.5879	1.9138	0.1698	0.8715	1.4035
羽毛状河系	1.4974	2.2732	1.8211	0.1402	0.2377	0.1156
格子状河系	1.3705	2.1231	1.7636	0.1259	0.5085	0.5712
平行状河系	2.1322	10.347	3.9275	1.2849	1.7429	4.6477
扇子状河系	1.5862	5.0152	2.3640	0.4832	1.7007	4.9798

5 类形态河系流域基本单元伸长比的分布情况如表 3.6 所示。根据伸长比的识别标准，树枝状、羽毛状和格子状河系流域基本单元的平均伸长比的分布区间为 0.7～0.8，表明它们的流域基本单元属于较不拉长型。其中，格子状河系流域基本单元的平均伸长比为 0.7838，接近 0.8，表明虽然其流域基本单元属于较不拉长型，但有接近椭圆的趋势。平行状和扇子状河系流域基本单元的平均伸长比的分布区间为 0.5～0.7，属于拉长型。其中，平行状河系流域基本单元的平均伸长比明显小于扇子状河系的值，表明平行状河系流域基本单元更具有拉长型的特征。扇子状河系流域基本单元的平均伸长比为 0.6941，接近 0.7，有较不拉长型的特征。在偏态系数方面，树枝状、平行状和扇子状河系流域基本单元的伸长比的偏态系数的分布区间为-0.5～0，为轻度左偏特征，而羽毛状和格子状河系流域基本单元的伸长比的偏态系数的分布区间为 0～0.5，为轻度右偏特征。其中，格子状河系流域基本单元的伸长比的偏态系数为 0.0063，表明格子状河系流域基本单元的伸长比的分布接近标准正态分布。在峰态系数方面，5 类形态河系流域基本单元的伸长比的峰态系数均大于 0，表明 5 类形态河系流域基本单元的伸长比具有更为尖锐且更为集中的分布特征。

表 3.6　5 类形态河系流域基本单元伸长比的分布情况

河系形态类别	最小值	最大值	平均值	标准差	偏态系数	峰态系数
树枝状河系	0.6658	0.8229	0.7529	0.0279	−0.3301	0.2649
羽毛状河系	0.7107	0.8387	0.7695	0.0247	0.1846	0.2188
格子状河系	0.7180	0.8694	0.7838	0.0223	0.0063	0.5154
平行状河系	0.3738	0.7255	0.5777	0.0659	−0.3559	0.2088
扇子状河系	0.5577	0.8101	0.6941	0.0516	−0.4487	0.1503

多形态河系流域基本单元特征的分布规律如图 3.7 所示，展示了 5 类形态河系的紧凑度系数、圆度比、形态因子、双纽线因子和伸长比的具体分布特征。本书采用平均值（m）±标准差（σ）的方法对紧凑度系数、圆度比、形态因子、双纽线因子和伸长比进行特征描述。具体来说，将数据分为 8 个区间：小于 $m-3\sigma$，$[m-3\sigma, m-2\sigma)$，$[m-2\sigma, m-\sigma)$，$[m-\sigma, m)$，$[m, m+\sigma)$，$[m+\sigma, m+2\sigma)$，

$[m+2\sigma,m+3\sigma)$、大于或等于 $m+3\sigma$。然后分别统计这些区间的频数，计算对应的具体频率。结果表明，当数据位于 $[m-2\sigma,m+2\sigma)$ 时，5 类形态河系流域基本单元的紧凑度系数、圆度比、形态因子、双纽线因子和伸长比的频数占总体频数的 90% 以上，其中，$[m-\sigma,m+\sigma)$ 区间分布频数占 70% 左右，当区间为 $[m-\sigma,m)$ 和 $[m,m+\sigma)$ 时，分布频数大约占 35%，而当区间为 $[m-2\sigma,m-\sigma)$ 以及 $[m+\sigma,m+2\sigma)$ 时，分布频数大约占 10%。总体而言，5 类形态河系流域基本单元的紧凑度系数、圆度比、形态因子、双纽线因子和伸长比具有明显的聚集特征，主要的分布区间为 $[m-2\sigma,m+2\sigma)$，且在平均值的两端为对称分布的特征。

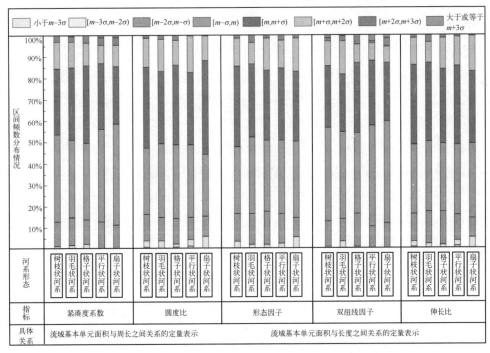

图 3.7　多形态河系流域基本单元特征的分布规律

3.3.3　多形态河系流域基本单元局部特征

下面深入探讨多形态河系流域基本单元的局部特征，以达到更全面、更深入地理解流域的水文地理特征、水文响应机制以及地貌演化过程。为了实现这一目标，本书采用河系 Strahler 编码对河系等级进行划分，并分别分析多形态河系在不同等级上流域基本单元的特征，以及同一等级上不同形态河系流域基本单元表现出的独特特征。通过这种方法，揭示多形态河系流域基本单元的局部特征，可以更好地理解河系在流域内的演化规律。

1. 质心距离的分布特征

本书对 5 类形态河系（树枝状、羽毛状、格子状、平行状和扇子状河系）流域基本单元的质心距离进行统计与分析，揭示 5 类形态河系流域基本单元的质心距离在不同等级上分布的集中趋势、离散程度、对称性和偏斜程度等特征。

不同等级上多形态河系流域基本单元质心距离分布的偏态系数如图 3.8 所示。需要注意的是，羽毛状河系只在等级为 1、2 时有分布特征。当等级为 1 时，5 类形态河系流域基本单元的质心距离的偏态系数均小于 0，表明其分布为左偏特征。其中，格子状河系为轻度左偏，其他 4 类形态河系为中度左偏。当等级为 2 时，平行状河系流域基本单元的质心距离为轻度左偏，树枝状河系为轻度右偏，格子状河系为中度右偏，而扇子状和羽毛状河系为高度右偏。当等级为 3 时，平行状河系的偏态系数为 −0.03，接近 0，为对称分布特征，格子状河系为中度右偏，树枝状和扇子状河系为高度右偏。当等级为 4 时，树枝状、格子状、平行状和扇子状河系流域基本单元的质心距离均大于 0，为右偏特征。其中，平行状和扇子状河系为轻度右偏，格子状河系为中度右偏，而树枝状河系为高度右偏。

总体来说，当等级为 1、2 时，羽毛状河系流域基本单元的特征显著不同。等级为 1 时为中度左偏，等级为 2 时为高度右偏，表明羽毛状河系在不同等级上，流域基本单元的质心距离的分布为不对称的特征。格子状和平行状河系在 4 个等级上流域基本单元的质心距离的偏离程度相对较小。其中，格子状河系在等级为 2、3、4 时，均为中度右偏，偏态系数接近 0.5。当等级为 1 时，格子状河系的偏态系数为 −0.17，表明其流域基本单元的质心距离的分布对称性较好。平行状河系在等级为 2、3、4 时，为轻度偏态，当等级为 1 时，偏态系数为 −0.56，表明在这些等级上，平行状河系流域基本单元的质心距离的分布对称性较好。树枝状和扇子状河系在 4 个等级上流域基本单元的质心距离的偏离程度较大，表明这两类河系在不同等级上流域基本单元的质心距离的分布为明显的不对称的特征。

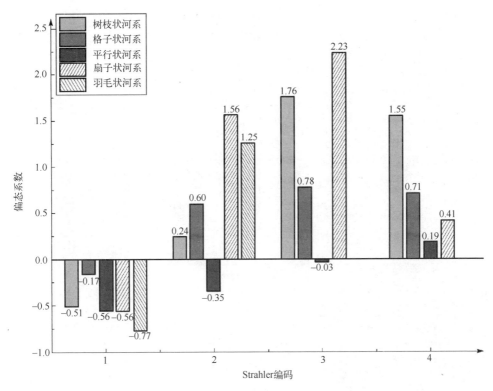

图 3.8　不同等级上多形态河系流域基本单元质心距离分布的偏态系数

不同等级上多形态河系流域基本单元质心距离分布的峰态系数如图 3.9 所示。需要注意的是，羽毛状河系只在等级为 1、2 时有分布特征。当等级为 1 时，5 类形态河系流域基本单元的质心距离的峰态系数相对较小，其中，扇子状河系的峰态系数为 0.01，接近标准正态分布，而格子状和平行状河系的峰态系数小于 0，表明这两类河系流域基本单元的质心距离的分布相对分散。树枝状和羽毛状河系流域基本单元的质心距离的峰态系数均大于 0，为尖锐聚集分布特征。当等级为 2 时，5 类形态河系流域基本单元的质心距离的峰态系数均大于 0，为尖锐聚集分布特征，其中，羽毛状河系的峰态系数明显高于其他 4 类形态河系，分布更为集中。扇子状河系的峰态系数最小，为 0.20。当等级为 3、4 时，4 类形态河系的峰态系数均大于 0，同样为尖锐聚集分布特征。其中，树枝状河系的峰态系数都是 0.21，扇子状河系的峰态系数分别为 0.20、0.17，格子状和平行状河系的峰态系数相对较大，约为 1.0，聚集分布特征更明显。

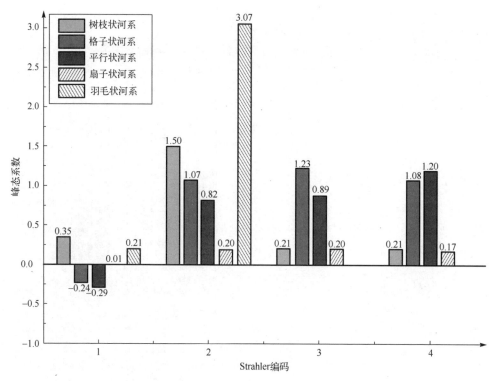

图 3.9　不同等级上多形态河系流域基本单元质心距离分布的峰态系数

　　总体来说，当等级为 2、3、4 时，多形态河系的峰态系数均大于 0，为尖锐聚集分布特征。扇子状河系在 4 个等级上，流域基本单元的质心距离的峰态系数相对较小，分布区间为 0.01～0.20，接近正态分布。当等级为 2 时，羽毛状河系的峰态系数明显大于其他 4 类形态河系的值，其聚集分布特征更明显。

2. 面积与周长关联关系定量分析

　　不同等级下多形态河系流域基本单元紧凑度系数的分布特征如图 3.10 所示。当等级为 1 时，树枝状、羽毛状和格子状河系的紧凑度系数的分布区间为 1.1～1.2，分别占 35%、50%、46%。扇子状河系的紧凑度系数在区间 1.2～1.3 上分布最多，占 27%。平行状河系的紧凑度系数的分布相对分散，在区间 1.2～1.6 上的值占 55%。总体来说，树枝状、羽毛状和格子状河系的紧凑度系数在区间上的聚集分布特征相似，平行状河系的紧凑度系数的分布相对其他 4 类河系较分散。当等级为 2 时，树枝状、羽毛状、格子状、扇子状和平行状河系的紧凑度系数均在区间 1.1~1.2 上分布最多, 分别占 49%、34%、47%、29%、42%。其中, 树枝状、格子状和扇子状河系的紧凑度系数在该区间占比均在 42% 以上, 表明当等级为 2 时, 这 3 类形态河系的紧凑度系数为相对聚集分布特征。当分布区间为 1.4~2.1 时, 平行状河系的紧凑度系数的分布比率明显高于其他 4 类形态河系。

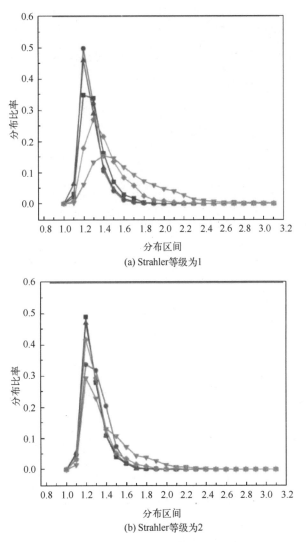

图 3.10　不同等级下多形态河系流域基本单元紧凑度系数的分布特征

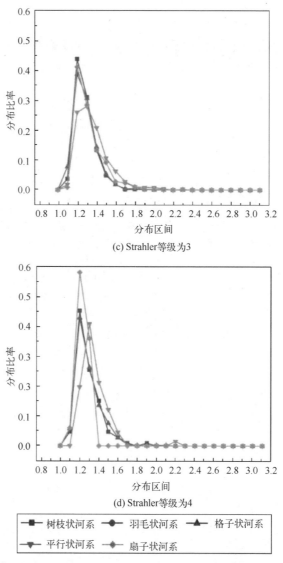

(c) Strahler等级为3

(d) Strahler等级为4

■ 树枝状河系　● 羽毛状河系　▲ 格子状河系
▼ 平行状河系　◆ 扇子状河系

图 3.10　不同等级下多形态河系流域基本单元紧凑度系数的分布特征（续）

　　总体来说，在不同等级上，5 类形态河系的紧凑度系数的分布趋势大致相同。当等级为 3 时，树枝状、格子状和扇子状河系在区间 1.1～1.2 上分布最多，大致占 40%，平行状河系在区间 1.2～1.3 上的占比较大。整体来看，树枝状、格子状和扇子状河系的紧凑度系数的分布趋势相同。当等级为 4 时，树枝状、格子状、平行状和扇子状河系的紧凑度系数的分布特征与等级为 3

时的情况相同。

　　同形态河系不同等级下流域基本单元紧凑度系数的分布特征如图 3.11 所示，在区间 1.1～1.2 上分布最多，在区间 1.1～1.4 上占 84%以上。平行状河系在不同等级上的紧凑度系数的分布占比没有明显的规律性特征，其中，等级为 1 时的分布最分散，等级为 2、3、4 时，在区间 1.1～1.5 上占 76%以上。扇子状河系在等级为 2、3、4 时的紧凑度系数的分布占比具有相似的分布特征，在区间 1.1～1.2 上分布最多。

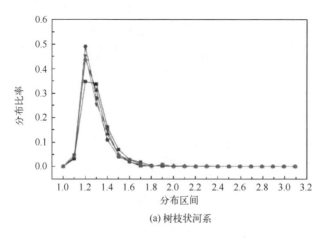

(a) 树枝状河系

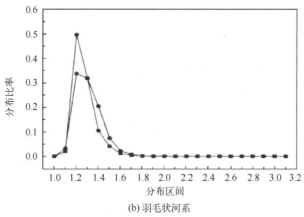

(b) 羽毛状河系

图 3.11　同形态河系不同等级下流域基本单元紧凑度系数的分布特征

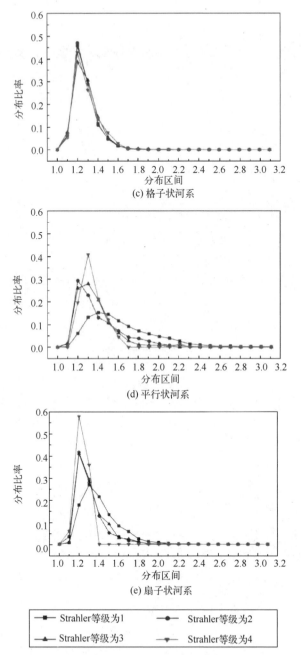

(c) 格子状河系

(d) 平行状河系

(e) 扇子状河系

━■━ Strahler等级为1   ━●━ Strahler等级为2

━▲━ Strahler等级为3   ━▼━ Strahler等级为4

图 3.11　同形态河系不同等级下流域基本单元紧凑度系数的分布特征（续）

不同等级下多形态河系流域基本单元圆度比的分布特征如图 3.12 所示。当等级为 1 时，羽毛状和格子状河系流域基本单元的圆度比在区间 0.7～0.8 上分

布最多，分别为 43%、37%。树枝状河系流域基本单元的圆度比在区间 0.6～0.7
上占 33%，在区间 0.6～0.8 上占 63%。扇子状河系流域基本单元的圆度比在区
间 0.4～0.8 上占 85%。平行状河系流域基本单元的圆度比分布相对分散，聚集
分布特征相对较弱。总体来说，5 类形态河系流域基本单元的圆度比没有表现出
明显的规律性分布特征。其中，羽毛状和格子状河系流域基本单元的圆度比具
有相似的分布特征，其他 3 类形态河系有各自的聚集分布区间。当等级为 2 时，
树枝状、格子状、平行状和扇子状河系流域基本单元的圆度比均在区间 0.7～0.8
上占比最大，分别为 40%、38%、25%、33%。羽毛状河系流域基本单元的圆度
比在区间 0.6～0.7 上分布最多，占 31%。平行状河系流域基本单元的圆度比相
对分散，聚集分布特征较弱。整体来看，在不同等级上，树枝状、格子状、扇
子状和平行状河系流域基本单元的圆度比的分布趋势相同。当等级为 3 时，树
枝状、格子状和扇子状河系流域基本单元的圆度比在区间 0.7～0.8 上占比最大，
约为 35%。平行状河系流域基本单元的圆度比在区间 0.6～0.8 上占 74%。整体
来看，树枝状、格子状和扇子状河系流域基本单元的圆度比的区间分布趋势相
同。当等级为 4 时，树枝状和格子状河系流域基本单元的圆度比在分布区间的
占比上表现出相似的分布特征。

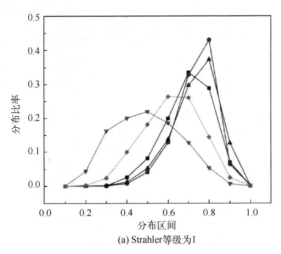

(a) Strahler等级为1

图 3.12　不同等级下多形态河系流域基本单元圆度比的分布特征

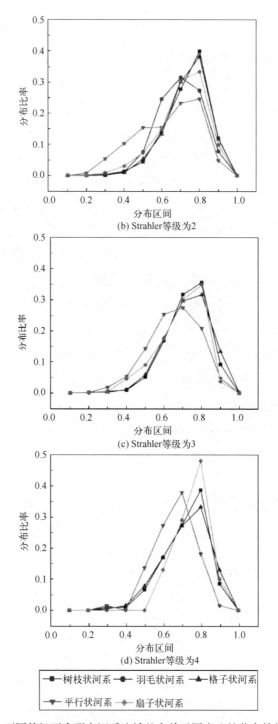

图 3.12　不同等级下多形态河系流域基本单元圆度比的分布特征（续）

同形态河系不同等级下流域基本单元圆度比的分布特征如图 3.13 所示。格子状河系在 4 个等级上流域基本单元的圆度比的分布区间的占比上表现出相似的分布规律，与等级没有太大的关联关系。当等级为 2、3、4 时，树枝状河系流域基本单元的圆度比表现出相似的分布规律，分布区间为 0.7～0.8。当等级为 1 时，树枝状河系流域基本单元的圆度比的分布区间为 0.6～0.7。平行状河系流域基本单元的圆度比分布最为分散，没有明显的规律性特征。当等级为 1 时，羽毛状河系流域基本单元的圆度比的聚集特征明显高于等级为 2 时的结果，在区间 0.7～0.8 上占比较大。当等级为 2 时，羽毛状河系流域基本单元的圆度比的分布区间为 0.6～0.7。扇子状河系流域基本单元的圆度比在等级为 2、3 时具有相似的分布规律，在区间 0.7～0.8 上分布最多。

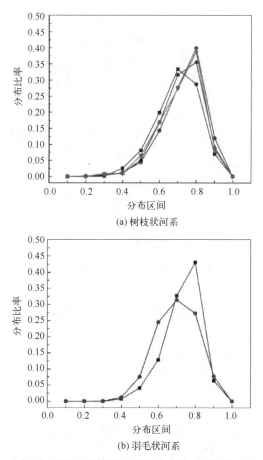

(a) 树枝状河系

(b) 羽毛状河系

图 3.13　同形态河系不同等级下流域基本单元圆度比的分布特征

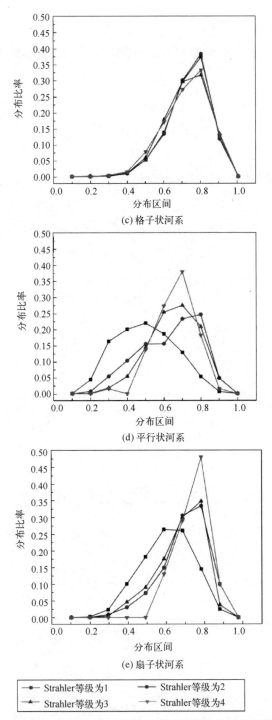

图 3.13　同形态河系不同等级下流域基本单元圆度比的分布特征（续）

3. 面积与长度关联关系定量分析

不同等级下多形态河系流域基本单元形态因子的分布特征如图 3.14 所示。当等级为 1 时，平行状河系流域基本单元的形态因子在区间 0.1～0.2 上分布最多。格子状河系流域基本单元的形态因子在区间 0.3～0.4 上分布最多，树枝状和羽毛状河系在区间 0.4～0.5 上分布最多，说明平行状和格子状河系流域基本单元的特征明显不同于其他 3 类形态河系。当等级为 2 时，平行状河系流域基本单元的形态因子的分布区间较大，在区间 0.1～0.6 上分布较多，格子状和羽毛状河系流域基本单元的形态因子在区间 0.6～0.7 上分布最多，树枝状和扇子状河系流域基本单元的形态因子在区间 0.4～0.5 上分布最多。当等级为 3 时，平行状河系流域基本单元的形态因子在区间 0.3～0.4 上分布较多，格子状和树枝状河系流域基本单元的形态因子在区间 0.5～0.6 上分布较多，扇子状河系流域基本单元的形态因子则在区间 0.4～0.5 上分布最多。当等级为 4 时，平行状河系流域基本单元的形态因子在区间 0.3～0.4 上分布最多，扇子状河系流域基本单元的形态因子在区间 0.4～0.5 上分布最多，树枝状和格子状河系流域基本单元的形态因子在区间 0.5～0.6 上分布最多。

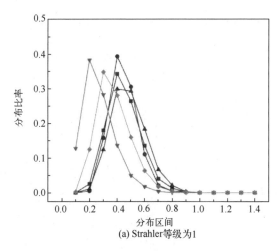

(a) Strahler等级为1

图 3.14　不同等级下多形态河系流域基本单元形态因子的分布特征

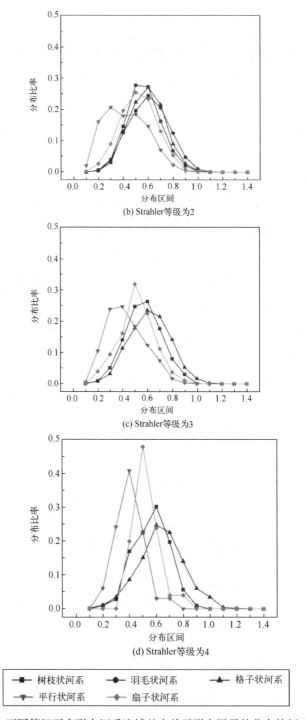

图 3.14 不同等级下多形态河系流域基本单元形态因子的分布特征（续）

　　同形态河系不同等级下流域基本单元形态因子的分布特征如图 3.15 所示。5 类形态河系流域基本单元的形态因子在等级为 1 时的集中分布区间小于在其他等级时的结果。当等级为 2、3、4 时，格子状和扇子状河系流域基本单元的形态因子表现出相似的分布规律。其中，格子状河系流域基本单元的形态因子在区间 0.5～0.6 上分布最多，扇子状河系流域基本单元的形态因子在区间 0.4～0.5 上分布最多。当等级为 3、4 时，树枝状和平行状河系流域基本单元的形态因子表现出相似的分布规律。其中，树枝状河系流域基本单元的形态因子在区间 0.5～0.6 上分布最多，平行状河系流域基本单元的形态因子在区间 0.3～0.4 上分布最多。当等级为 2 时，整体的聚集分布区间较广，位于等级 1 与等级 3、4 之间。树枝状河系流域基本单元的形态因子在区间 0.4～0.5 上分布最多，平行状河系流域基本单元的形态因子在区间 0.2～0.3 上分布最多。此外，等级为 2 时的羽毛状河系流域基本单元的形态因子的集中分布区间小于等级为 1 时的结果。

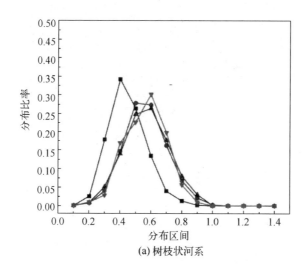

(a) 树枝状河系

图 3.15　同形态河系不同等级下流域基本单元形态因子的分布特征

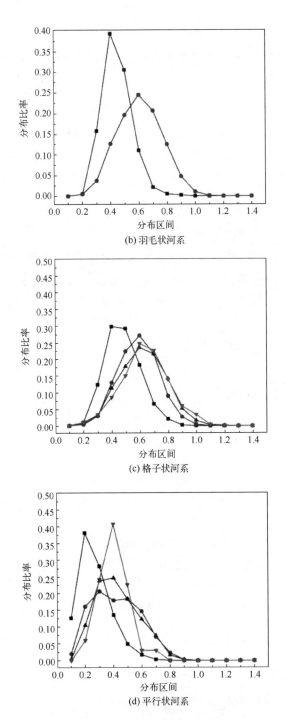

图 3.15　同形态河系不同等级下流域基本单元形态因子的分布特征（续）

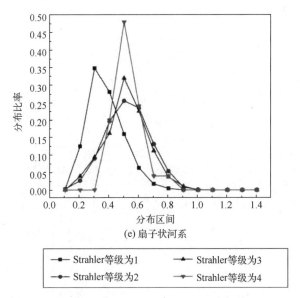

(e) 扇子状河系

| —■— Strahler等级为1 | —▲— Strahler等级为3 |
| —●— Strahler等级为2 | —▼— Strahler等级为4 |

图 3.15　同形态河系不同等级下流域基本单元形态因子的分布特征（续）

不同等级下多形态河系流域基本单元伸长比的分布特征如图 3.16 所示。当等级为 1 时，平行状河系流域基本单元的伸长比在区间 0.4～0.5 上分布最多，在区间 0.5～0.6 上的分布次之，在区间 0.4～0.6 上占 54%，为拉长型与较拉长型。树枝状、羽毛状和扇子状河系流域基本单元的伸长比在区间 0.6～0.7 上分布最多，为拉长型。格子状河系流域基本单元的伸长比则在区间 0.7～0.8 上分布最多，为较不拉长型。当等级为 2 时，平行状河系流域基本单元的伸长比的分布相对分散，集中分布的特征相对较弱，树枝状、羽毛状、格子状和扇子状河系流域基本单元的伸长比具有明显的集中分布区间。其中，树枝状、羽毛状和格子状河系流域基本单元的伸长比均在区间 0.8～0.9 上分布最多，具有集中分布区间的特征，且为椭圆。然而，扇子状河系流域基本单元的伸长比在区间 0.7～0.8 上分布最多，为较不拉长型。当等级为 3 时，树枝状、格子状、平行状和扇子状河系流域基本单元的伸长比在集中分布区间上的结果比较相似，但平行状河系的集中分布区间比扇子状河系的集中分布区间整体偏小，扇子状河系比树枝状和格子状河系的集中分布区间整体偏小。当等级为 4 时，树枝状和格子状河系分布的聚集区间均为 0.8～0.9，平行状河系的伸长比明显小于树枝状、格子状和扇子状河系的值。

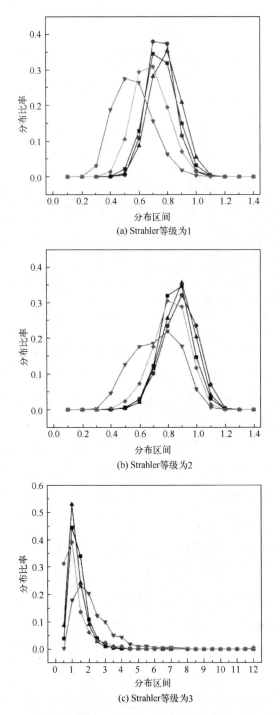

(a) Strahler等级为1

(b) Strahler等级为2

(c) Strahler等级为3

图 3.16　不同等级下多形态河系流域基本单元伸长比的分布特征

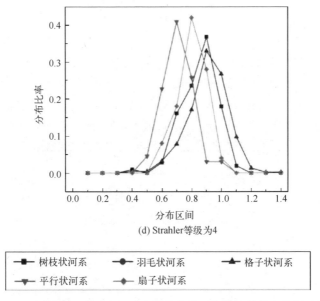

(d) Strahler 等级为 4

图 3.16 不同等级下多形态河系流域基本单元伸长比的分布特征(续)

同形态河系不同等级下流域基本单元伸长比的分布特征如图 3.17 所示。树枝状河系在等级为 2、3、4 时,流域基本单元的伸长比的集中分布区间相同,在区间 0.8~0.9 上分布最多,集中分布区间的值明显大于等级为 1 时的集中分布区间。格子状河系在等级为 2、3、4 时,与树枝状河系流域基本单元的伸长比的集中分布区间相同,为 0.8~0.9,集中分布区间的值明显大于等级为 1 时的集中分布区间,但格子状河系在等级为 1 时,集中分布区间明显大于树枝状河系的集中分布区间,格子状河系的集中分布区间为 0.7~0.8,而树枝状河系的集中分布区间为 0.6~0.7。平行状河系流域基本单元的伸长比在不同等级上的集中分布区间的差异较大,只有当等级为 3、4 时的集中分布区间的占比相同,等级为 1、2 时,集中分布区间的差别较大。扇子状河系在等级为 2、3、4 时,流域基本单元的伸长比的集中分布区间相同,在区间 0.7~0.8 上分布最多,集中分布区间的值明显大于等级为 1 时的集中分布区间。羽毛状河系在不同的等级上,集中分布区间明显不同。

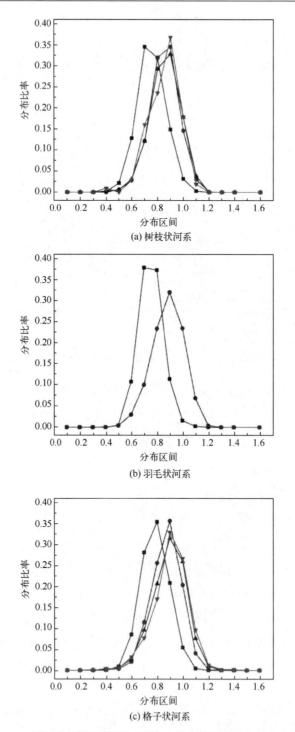

图 3.17 同形态河系不同等级下流域基本单元伸长比的分布特征

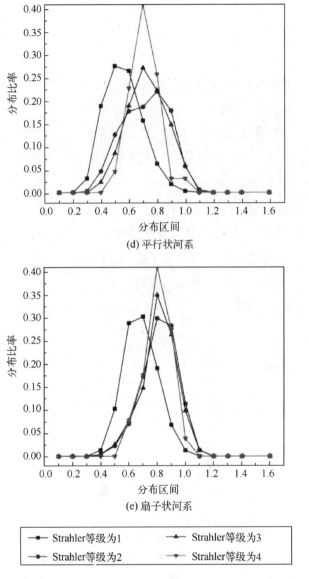

图 3.17　同形态河系不同等级下流域基本单元伸长比的分布特征（续）

　　不同等级下多形态河系流域基本单元双纽线因子的分布特征如图 3.18 所示。当等级为 1 时，树枝状、羽毛状和格子状河系流域基本单元的双纽线因子的集中分布区间相同，在区间 1～2 上分布最多。其中，羽毛状和格子状河系占 38%左右，树枝状河系占 34%，扇子状河系流域基本单元的双纽线因子的集中分布特征相对较弱，在区间 1～3 上占 50%左右，平行状河系流域基本单元的双纽线因子的分布比较分散，在区间 2～3 上分布最多。当等级为 2 时，树枝状、羽毛状和格子状河系流域基本单元的双纽线因子的集中分布特征明显。其中，羽毛状和格子状河系流域基本单元的双纽线因子在区间 1～2 上占 50%，树枝状河系占 43%，平行状河系流域基本单元的双纽线因子分布较广，尤其在分布区间为 3～7 时明显高于其他 4 类形态河系，扇子状河系流域基本单元的双纽线因子在区间 0～1 上分布最多。当等级为 3 时，树枝状、格子状和平行状河系流域基本单元的双纽线因子的分布区间集中在区间 1～3 上，格子状河系流域基本单元的双纽线因子在区间 1～2 上占 53%，明显高于树枝状、平行状和扇子状河系的值，平行状河系流域基本单元的双纽线因子的分布区间为 3～5，明显高于树枝状、格子状和扇子状河系的值。当等级为 4 时，树枝状、格子状和扇子状河系流域基本单元的双纽线因子的集中分布区间相同，均在区间 1～2 上分布占比最大，平行状河系流域基本单元的双纽线因子在区间 2～3 上分布占比最大。

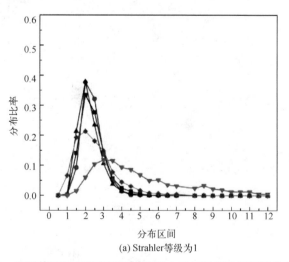

(a) Strahler等级为1

图 3.18　不同等级下多形态河系流域基本单元双纽线因子的分布特征

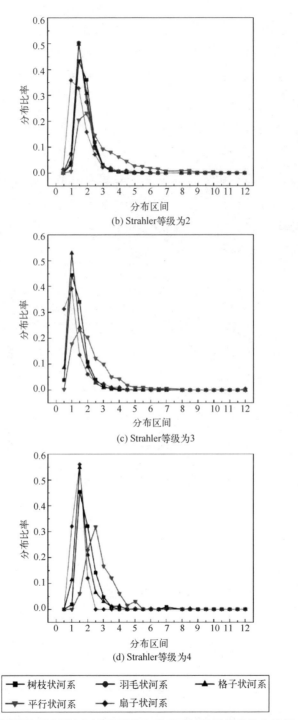

图 3.18 不同等级下多形态河系流域基本单元双纽线因子的分布特征（续）

　　同形态河系不同等级下流域基本单元双纽线因子的分布特征如图 3.19 所示。树枝状河系流域基本单元的双纽线因子在等级为 2、3、4 时分布最多，且在等级为 1 时，分布最多的区间大于等级为 2、3、4 时的结果。格子状和树枝状河系的集中分布区间相似，在等级为 2、3、4 时分布最多，且在等级为 1 时，分布最多的区间大于等级为 2、3、4 时的结果。平行状河系流域基本单元的双纽线因子的分布较广，在等级为 2、3 时表现出集中分布特征，约为 0.23，但聚集特征不明显，等级为 1 时相对分散。当等级为 1 时，扇子状河系流域基本单元的双纽线因子的分布区间同样相对分散，当等级为 3、4 时存在同一聚集区间。羽毛状河系流域基本单元的双纽线因子在等级为 2 时的聚集特征小于等级为 1 时的聚集特征。

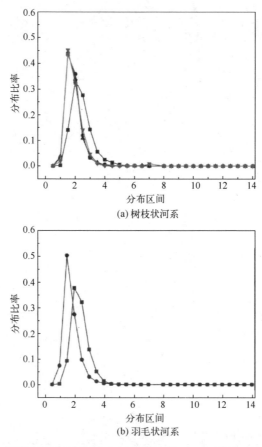

图 3.19　同形态河系不同等级下流域基本单元双纽线因子的分布特征

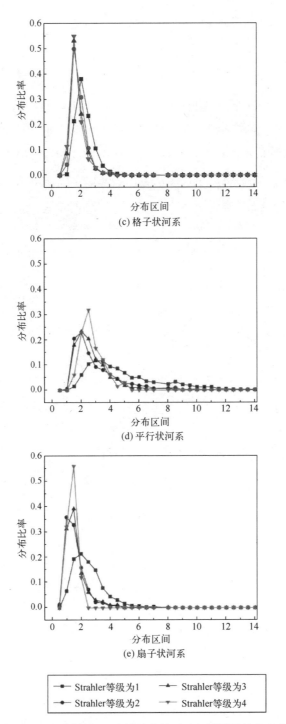

图 3.19　同形态河系不同等级下流域基本单元双纽线因子的分布特征（续）

3.4　小结

河系流域基本单元是流域的最小基本单元，具有特征关联度高的特点。本书从河系流域基本单元的质心距离、面积与周长、面积与长度之间的关联关系 3 方面描述河系流域基本单元的特征，利用定量分析的方法挖掘多形态河系流域基本单元的特征。研究结果表明，在全局层面，多形态河系流域基本单元表现出类似的特征，即在平均值减 2 倍标准差与平均值加 2 倍标准差上的分布频数占 90%以上，表现出聚集分布的特征。在局部层面，多形态河系流域基本单元表现出差异的特征，即不同等级下多形态河系流域基本单元没有明显的聚集特征。

第4章　顾及河系流域基本单元特征的图神经网络河系形态识别

机器学习算法已广泛应用于药物发现[108]、滑坡预测[109]和地下水资源勘测评估等方面[110-111]。由于向量数据没有整齐的数据排列结构，因此很难利用传统机器学习方法对其进行研究。图深度学习是一种专门针对图结构的深度学习方法，此时，向量数据可以转化为图数据。因此，图深度学习被用于向量数据的研究，通过图节点之间的消息传递有效地处理和捕获图中的关系[112-113]。此外，图深度学习还被用于识别、预测和聚类等任务，其本质是提取拓扑图的空间特征，主要有空域和频域两种方法。图卷积神经网络[114]和 GraphSAGE 图神经网络[115]是两种典型的图神经网络。图卷积神经网络利用图的整个邻接矩阵和卷积操作融合邻居节点的信息，是一种频域内的直推框架。GraphSAGE 图神经网络通过邻居采样与聚合函数提取图的节点邻域信息，是一种空域内的归纳式学习框架，这使得在大型的图上进行节点的表示学习成为可能，并被广泛地应用于大规模推荐系统。考虑到河网的层次邻接关系，本书将 GraphSAGE 图神经网络引入河系形态识别的任务中。

4.1　GraphSAGE 图神经网络

GraphSAGE 设计了图节点的批学习算法，将直推式节点从只表示一种局部结构转变为对应多种局部结构，可有效防止训练过拟合，增强泛化能力，其核心思想是通过学习一个对邻居节点进行聚合的函数，产生中心节点的特征表示。利用 GraphSAGE 构建模型时，主要通过邻居采样和信息聚合完成下游任务。GraphSAGE 中主要包含 Mean 聚合函数、LSTM 聚合函数和 Pooling 聚合函数，

3 类聚合函数在空间上都是局部化的，即它们只涉及节点的一跳邻居，且聚合函数在所有节点之间共享。

中心节点对邻居节点采用随机采样的方法由内向外选取邻居节点，可以通过公式（4.1）完成，其中，v_i 表示中心节点，$N(v_i)$ 表示中心节点 v_i 的邻居节点，S 表示中心节点的个数，SAMPLE（）函数将一个集合作为输入并从输入中随机抽样 S 个元素记作 $N_s(v_i)$，并作为模型的输入。例如，GraphSAGE 图神经网络如图 4.1 所示，中心节点 v_1 的第一跳采样的邻居节点数为 3 个，第二跳采样的邻居节点数为 5 个。其中，K 表示中心节点采样邻居的层数，w 表示权重矩阵，x 表示节点的特征。

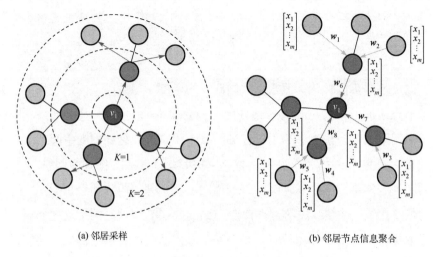

(a) 邻居采样　　　　　　　　　　　　　　(b) 邻居节点信息聚合

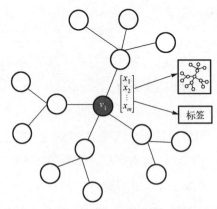

(c) 使用聚合信息预测图的下游任务

图 4.1　GraphSAGE 图神经网络

$$N_s = \text{SAMPLE}(N(v_i), S) \tag{4.1}$$

第 i 层的中心节点采样完邻居节点后，要对其邻居节点按照由外向内的顺序通过聚合函数完成中心节点邻居特征的更新，主要通过公式（4.2）完成。在图 4.1 中，计算中心节点 v_1 的邻居特征，先通过聚合函数 1 聚合二跳邻居的节点特征，生成一跳邻居的邻居特征，再通过聚合函数 2 聚合一跳邻居的节点特征，生成中心节点 v_1 的邻居特征。

$$h_{N(v)}^i = \text{AGGREGATE}_j(h_u^{i-1}, \forall_u \in N(v)) \tag{4.2}$$

其中，AGGREGATE_j 表示第 j 层的聚合函数，用于聚合来自采样的邻居节点的信息，$h_{N(v)}^i$ 表示节点 v 的邻居聚合值，h_u^{i-1} 表示中心节点 v_i 在 $i-1$ 层邻居节点 u 的特征值，$N(v)$ 表示节点 v 的邻居节点。当 $i=0$ 时，h_0 表示输入的节点特征。完成中心节点 v_i 的邻居特征的聚合后，通过算子 Concate 将中心节点 v_i 的特征与聚合的邻居节点特征以向量的形式连接起来，然后将该串接向量用非线性激活函数 σ 馈送到全连接层，从而生成中心节点 v_i 的特征 h_v^i，主要通过公式（4.3）完成，用于完成节点、图的分类任务。其中，W_i 为一组权重矩阵，用于在模型的不同层之间传播信息，是模型训练过程中根据损失函数通过梯度下降学习得到的，σ 是非线性激活函数。

$$h_v^i = \sigma(W_i \times \text{Concate}(h_v^{i-1} h_{N(v)}^i)) \tag{4.3}$$

4.2　基于图神经网络的河系形态识别

针对河系形态识别方法中河系形态指标考虑不全以及河系之间局部潜在关联特征挖掘不足的问题，本书提出顾及河系局部流域单元形态的 GraphSAGE 河系形态识别神经网络方法，该方法采用监督学习的方式。首先，从河系向量数据库中裁剪出典型的河系形态样本，通过拓扑修正等操作形成多形态河系数据集。其次，结合水文学知识，从河系整体层级、局部流域和河段个体 3 个层面构建河系形态特征体系，更加全面地描述河系形态特征。再次，基于 GraphSAGE 图神经网络构建河系形态识别模型，利用采样和聚合函数学习河段的邻居特征，提高局部河段之间特征的灵活传递性能，通过归纳式的学习方法挖掘河系之间局部潜在的关联特征。最后，利用模型进行训练、验证和测试，实现河系形态识别。GraphSAGE 图神经网络实现河系形态识别的技术路线如图 4.2 所示，主要包括以下 4 个部分：多形态河系数据集构建、河系特征提取、河系形态识别模型构建、模型评估分析。

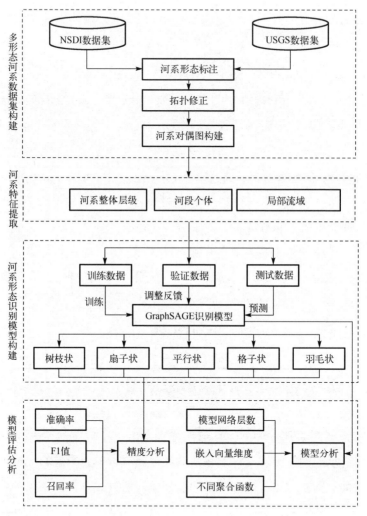

图 4.2　GraphSAGE 图神经网络实现河系形态识别的技术路线

GraphSAGE 图神经网络对河系形态进行识别的本质是图分类任务。本书使用对偶图的方法构建河系的图数据结构，将全部河段抽象为图的顶点集、河段之间的连接关系抽象为图的边集、河系的特征通过图顶点上的特征值体现。另外，本书提出的模型需要通过对河系对偶图进行监督学习，以达到训练模型内部参数的目的，且在图中能够体现河系的特征。因此，在模型训练之前，需要构建河系的特征矩阵、邻接矩阵以及标签向量。

4.2.1　河系的特征矩阵

模式识别包括描述和识别两个基本任务[116]。给出要分析的对象，模式识别系统会生成对该对象的描述，然后根据描述的结果对目标对象进行识别。精确的河系形态描述特征不仅可以加快模型的收敛速度，还直接影响河系形态识别的效果。河系形态不但能够直接反映发育地的宏观地理环境特征，而且能够反映局部精细的水文特征。因此，本书在考虑宏观地理环境特征与局部精细的水文特征的条件下，从河系整体层级、局部流域和河段个体 3 个层面考虑河系形态的描述指标。河系形态的描述体系如表 4.1 所示。在河系整体层级层面，采用 Strahler 编码对河系的层级进行划分。在局部流域层面，将河段作为河流的基本单元，本书提取河段的局部流域单元，选取能够反映流域的面积、长度和周长之间关联关系的指标对河系局部流域单元形态进行描述，使其很好地反映局部流域丰富的水文特征。在河段个体层面，利用相邻河段之间的交汇角反映河段的汇入信息，很好地反映河系局部地区的地理环境等条件。

表 4.1　河系形态的描述体系

考虑角度	考虑因素	指　标	描　述
整体层级	河系编码	Strahler 编码	河系的层级编码
局部流域	河系局部流域单元形态	伸长比	流域面积与长度之间的关系
		圆度比	流域面积与周长之间的关系
河段个体	河段交汇角	河段汇入角度	两条河段之间的汇入角度

（1）河系的层级化表示是反映河系整体层级的重要手段，不仅能很好地反映河系的分叉与汇合情况，还可以度量河流在支流等级中的重要性以及了解河系的发育情况。在河系的层级化表示方法中，主要有以河段为实体的表示方法和以河流为实体的表示方法。其中，以河段为实体的表示方法可以有效地反映河系的数量、分支和自相似性等特征。

（2）河系局部流域单元形态能够反映河系的水文特征，是河系形态识别的主要依据，对河系形态识别具有重要的意义。本书采用层级剖分的方法对流域单元的界限进行划分[117]。拟选用伸长比反映流域基本单元的面积与长度之间的关系，圆度比反映流域基本单元的面积与周长之间的关系。本书通过定量计算河系局部流域单元的形态特征，并充分考虑局部的水文信息，这对河系形态识别具有重要的意义。

（3）河段交汇角可以用于对水流方向和主流的推断[118-119]，同样也是河系形态识别中要考虑的重要因素之一[120]。一般来说，一条支流汇入一条主流或两条支流交汇在一起会形成一条新的主流，且在汇入处形成夹角。支流汇入角度的变化与河系的特征有直接的关系[121]，不同形态的河系在汇入角度上存在很大的差异。例如，树枝状河系的汇入角度大多为锐角，格子状河系的汇入角度大多近似直角。本书中涉及的角度主要有两种：第一种是河段与河流出水口不相连的河段的汇入角度，可以通过公式（4.4）计算。第二种是河段与河流出水口相连，此时只有一条河段，故构不成汇入角度，但为了指标的统一性，定义它的汇入角度为整条河段交汇角的平均值，可以通过公式（4.5）计算。

$$\alpha = \arccos\left(\frac{a^2 + b^2 - c^2}{2ab}\right) \tag{4.4}$$

$$\beta = \frac{\alpha_1 + \alpha_2 + \alpha_3 + \cdots + \alpha_n}{n} \tag{4.5}$$

本书从河系整体层级、局部流域和河段个体 3 个层面考虑，选取 4 个典型的河系形态指标作为河段的特征。由 13 条河段构成的树枝状河系如图 4.3 所示。河系形态的描述参数如表 4.2 所示。

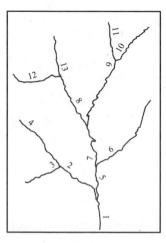

图 4.3　由 13 条河段构成的树枝状河系

表 4.2　河系形态的描述参数

河段编号	Strahler 编码	河段汇入角度	伸长比	圆度比
1	3	59.69	0.80	0.60
2	2	48.28	0.83	0.79
3	1	70.35	0.92	0.70
4	1	70.35	0.71	0.77
5	3	48.28	0.90	0.69
6	1	54.27	0.51	0.47
7	3	54.27	0.88	0.74
8	2	53.64	0.86	0.71
9	2	53.64	0.81	0.77
10	1	55.20	0.88	0.80
11	1	55.20	0.88	0.81
12	1	76.40	0.86	0.82
13	1	76.40	0.88	0.78

4.2.2　河系的邻接矩阵

根据河系中河段的连接关系，可以得到每个河系向量数据的对偶图表示形式，进而计算图的邻接矩阵 A ，$A \in \mathbf{R}^{N \times N}$ ，其中，N 为河系向量数据中河段的数量。河系的邻接矩阵如图 4.4 所示。

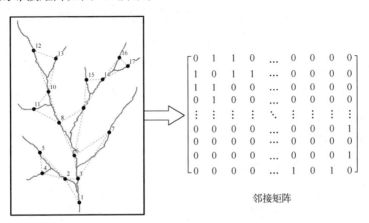

邻接矩阵

图 4.4　河系的邻接矩阵

4.2.3 河系的标签向量

具体来说，对于一个可能有 n 个取值的分类变量，One-hot 编码会创建一个由 n 个元素组成的向量。其中，只有一个元素是 1，其他元素都是 0。这个 1 的位置表示该分类变量的取值。本书中的河系形态类别有 5 个可能的取值，分别为扇子状、平行状、格子状、羽毛状和树枝状，以此可以进行 One-hot 编码。不同形态河系的 One-hot 编码如图 4.5 所示。

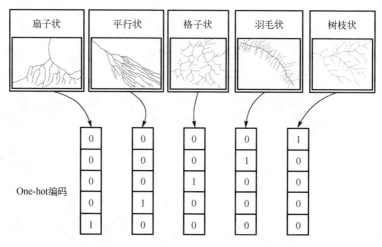

图 4.5　不同形态河系的 One-hot 编码

4.3　构建顾及河系局部流域特征的图神经网络

本书基于 GraphSAGE 构建了河系形态识别模型，实质是建立抽象的神经元空间与实际河系实体空间的映射关系，即神经元的描述向量与河系实体的特征对应关系。本书构建的河系形态识别模型通过一系列的计算来提取图的特征，是一种端对端的典型图分类网络。河系形态识别的 GraphSAGE 框架如图 4.6 所示，主要由数据输入、特征提取和形态识别 3 部分构成。

在本书的模型中，数据输入是将 4.2.1 节中计算好的河系指标作为对偶图的特征矩阵。特征矩阵包含河系形态的指标描述体系，是模型学习的重要参数。其中，对 Strahler 编码、河段汇入角度进行了归一化的处理。参考 4.2.2 节中构造的河系的邻接矩阵, GraphSAGE 图神经网络中的采样函数根据河段的连接关系完成对邻居河段的采样, 可以更灵活地传递邻居河段特征。类别标签是判断模型拟合能力强弱的重要参考。损失函数通过计算神经网络每次迭代的前向结果与类别标签的差距, 进而指导下一步的训练朝向正确的方向。

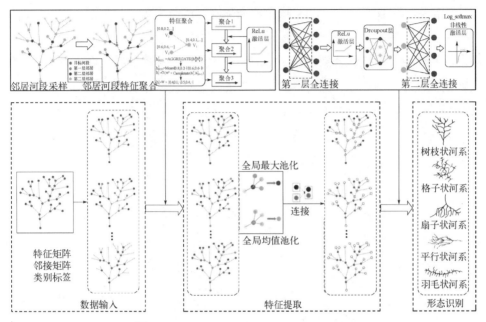

图 4.6　河系形态识别的 GraphSAGE 框架

针对每条河段, GraphSAGE 图神经网络通过河段之间的连接关系, 首先, 完成邻居河段采样, 对每条河段采用从内向外切子图的方法, 随机采样出部分的邻居节点作为聚合的目标点。考虑到数据集中目标河段最大邻居河段数量为 6, 最小为 2, 本模型采用全采样的方法完成对每条河段的邻居河段采样, 使每条河段拥有丰富的邻居河段。然后, 分别将每条河段作为目标河段, 在采样出的子图结构上, 使用 3 次平均聚合函数通过河段之间的连接关系由外向内逐层聚合河段特征来更新每条目标河段的特征。最后, 将目标河段特征与聚合后的邻居河段特征相结合, 以向量的形式描述当前河段的特征, 完成目标河段特征的更新。在每次完成河段特征的聚合后, 采用 ReLu 激活函数, 使神经网络中的神经元具有稀疏激活性, 从而避免出现梯度爆炸和梯度消失的问题。该过程的本质是针对目标河段, 由远及近采用特征迭代的方法更新目标河段特征，体现了地理学第一定律中的局部相关性，很好地反映了河系形态发育的局部地质构造信息。通过 3 次平均聚合后，每条河段拥有丰富的特征信息，而河系形态识别是一种图分类任务，因此，需要根据图的节点特征生成图的特征信息。

本模型的池化技术可以从河段特征中提取生成河系对偶图的特征信息。池化技术可以将每条河段的高维特征提取到稠密向量中，然后将这些节点特征嵌入生成的图特征中。本模型分别使用了全局最大池化和全局均值池化来提取每条河段的特征，接着拼接提取到的特征信息来生成河系对偶图的特征。

最后的设计包含一个 ReLu 激活层、一个 Droupout 层和一个 Log_softmax 非线性激活层，这种设计可以加快模型的运算速度，提高数据稳定性。此外，NLLLoss损失函数用来衡量模型输出与标签之间的差异程度，同时采用 Dropout 技术降低过拟合。

本模型通过在训练集上训练学习，并根据训练得到的结果，在验证集上调整反馈，最终得到稳定的识别网络结构，使其能够在未标记的图上执行良好的预测功能，从而达到河系形态识别的目的。

4.4　实验结果和讨论

本节主要进行多形态河系数据集的构建并对河系形态进行识别。通过选取测试集、大范围形态河系、多尺度河系以及裁剪后的河系来验证本方法的有效性。实验结果表明，本书提出的方法具有较高的识别能力。

4.4.1　数据准备

一般情况下，可以通过增加监督学习的任务来构建高质量的数据集[122]。为构建高质量的数据集，本书从 USGS、NSDI 河系向量数据库中收集多形态河系样本（树枝状、羽毛状、格子状、平行状和扇子状河系）。在 3.3.1 节数据处理的基础上，定义 $G = (V, E)$ 用来存储河系对偶图，其中，节点集合 $V = \{v_1, v_2, \cdots, v_N\}$ 表示河段对象，E 为连接节点的边集合。每个图节点可包含 P 个描述特征，构成特征矩阵 $F \in \mathbf{R}^{N \times P}$。多形态河系数据集的构建过程如图 4.7 所示。

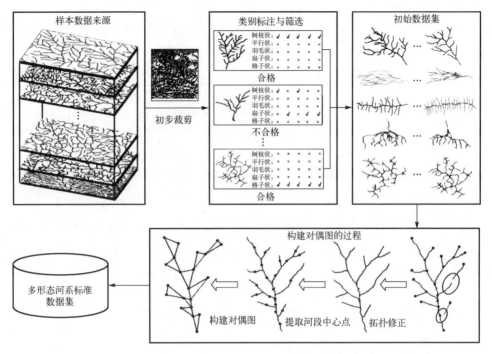

图 4.7　多形态河系数据集的构建过程

本书构建的多形态河系数据集中包含 1750 个标记的多形态河系样本。其中，NSDI 数据库中包含 1000 个标记的多形态河系样本，每一类样本 200 个。USGS 数据库中包含 750 个标记的多形态河系样本，每一类样本 150 个。NSDI 数据库中所有标记的多形态河系样本和 USGS 数据库中的 250 个（每一类样本 50 个）标记的多形态河系样本参与模型的训练与验证，且按照 4∶1 的比例随机分割。因此，训练数据集中有 1000 个标记的多形态河系样本，验证数据集有 250 个标记的多形态河系样本，USGS 数据库中剩余的 500 个标记的多形态河系样本则作为测试集。

4.4.2　实验平台

以多形态河系向量数据为研究对象，本书挖掘了多形态河系流域基本单元的特征规律以及采用监督式的学习方法构建了河系形态识别的 GraphSAGE 图神经网络模型。为构建多形态河系向量数据库，本书选用 ArcGIS 10.2 软件进行多形态河系样本的收集。由于在数据集的训练过程中会消耗大量的内存，因此这需要高级的硬件来做支持。基于深度学习框架 PyTorch，深度学习的实验环境根据当前的主流配置环境构建。基本系统的平台配置如表 4.3 所示，其中，CPU 为 8 核，采用并行处理的方法。

表 4.3 基本系统的平台配置

操作系统	中央处理器	内存	磁盘
Windows 10 Education	Intel Core（TM）i7-10700F CPU @ 2.90GHz	DDR4 16GB 3200MHz	ST2000DM005-2CW102（2TB）

在实验之前，根据表 4.3 中的基本系统平台配置，选择表 4.4 中重要软件的配置。其中，Python 是解释型语言，程序的编写非常方便。PyTorch Geometric 是基于 PyTorch 的图神经网络基础库，提供了大量的 API 接口用于提取图特征。本章利用 Scikit-learn 输出本方法在测试集上的测试结果。此外，利用 PyTorch Geometric 构建基于 GraphSAGE 的河系形态识别模型，主要用于河系向量数据的读入（河段连接关系、形态特征和标签类别）、聚合运算以及模型的训练与测试。首先，通过 DataLoader 类完成多形态河系训练集、测试集数据的输入。其中，邻居河段的采样也通过 DataLoader 类实现。其次，利用 SAGEConv 类实现邻居河段特征的聚合以及河段自身特征的更新。最后，在搭建好的模型上实现数据的训练和测试。

表 4.4 重要软件的配置

显卡驱动	Python	PyTorch	Scikit-learn
NVIDIA GeForce GTX 1650	3.8.5	1.8.2	0.23.2

4.4.3 河系形态识别

为说明本书构建的河系形态的指标体系对河系形态的描述能力和基于 GraphSAGE 构建的河系形态识别模型对邻居河段关联特征的挖掘能力，分别选取单一形态河系、混合形态河系和多尺度河系对本方法进行测试，说明本方法的识别能力。分析 GraphSAGE 河系形态识别神经网络的训练过程，以及本方法在测试集数据上的测试结果，说明模型的稳定性以及其在河系形态识别中的潜力。

1. 单一形态河系的识别结果

单一形态河系的识别结果如图 4.8 所示。从结果来看，本模型具有良好的识别性能。目标河系形态中包含大区域和小区域，两者的河段数量差异大。在 A、B、C 区域，目标河系形态由多条河段构成，图结构复杂，本模型能够准确地识别其形态。在 D、E、F、G、H 区域，目标河系形态由较少的河段构成，本模型同样能够准确地识别其形态。在 G、H 区域，大多数支流以锐角汇入主流，局部流域单元的伸长比的平均值为 0.72，圆度比的平均值为 0.63。在 I 区域，大多数支流以近似直角汇入主流，局部流域单元的伸长比的平均值为 0.83，圆度比的平均值为 0.73。I 区域河系局部流域单元的伸长比大于 G、H 区域的值，说明 I 区域河系局部流域单元的形态比 G、H 区域河系局部流域单元的形态更加接近圆形。I 区域河系局部流域单元的圆度比大于 G、H 区域的值，说明 G、H 区域河系局部流域单元的形态比 I 区域河系局部流域单元的形态更加狭长。因此，本方法识别出 I 区域河系为格子状河系，G、H 区域河系为树枝状河系。

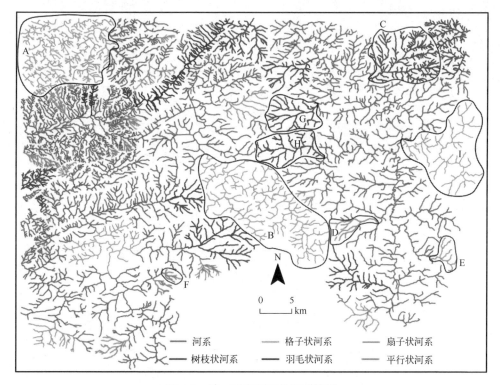

图 4.8　单一形态河系的识别结果

单一形态大区域河系形态的识别结果如图 4.9 所示。为进一步验证单一形态河系中河段数量对本模型性能的影响，从 NSDI、USGS 数据库中裁剪出大区域的典型河系形态，模型测试验证后的结果与认知结果一致，表明无论河段数量为多少，本模型都能准确地识别出河系的形态。该结果一方面说明本书提出的河系形态指标体系能够全面地描述其形态，有利于加快模型的收敛，提高模型的准确率。另一方面说明构建的 GraphSAGE 图神经网络模型能够有效挖掘河段之间的关联特征，充分利用子河段的连接关系，灵活传递邻居河段的特征。此外，聚合函数通过多次迭代来更新目标河段的特征，使目标河段的最终特征能有效地顾及邻居河段的特征，达到挖掘河段关联特征的效果，从而加强整个河系的形态特征，提高了模型的识别准确率和泛化能力。

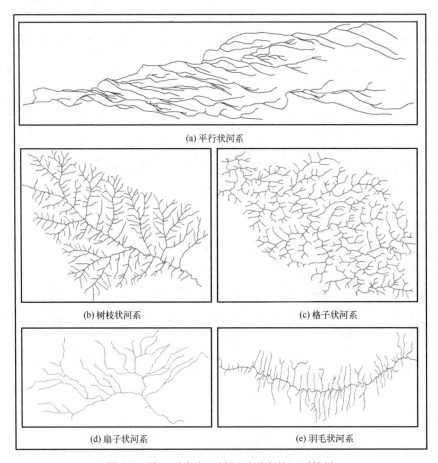

图 4.9 单一形态大区域河系形态的识别结果

2. 混合形态河系的识别结果

为进一步验证本书提出的河系形态指标对河系形态的描述能力以及本模型的识别能力，选取多形态杂糅在一起的河系进行实验。混合模式的河系往往可以分解成单一模式的河系，由于不同人员对混合模式河网的裁剪方案不同，因此得到的裁剪测试数据也不同。利用本模型对裁剪出的河系逐一进行形态测试。此时，邀请参与数据集构建中的 10 名研究生进行混合形态河系的识别工作。混合形态河系的识别结果如图 4.10 所示。其中，a 为原始河系，是典型的多形态杂糅在一起的河系。10 名研究生通过认知判断河系的形态，3 名研究生认为该区域为树枝状河系。本模型测试结果为树枝状河系，与认知结果相符。剩余 7 名研究生认为需要对其进行进一步的裁剪划分来判断其形态。

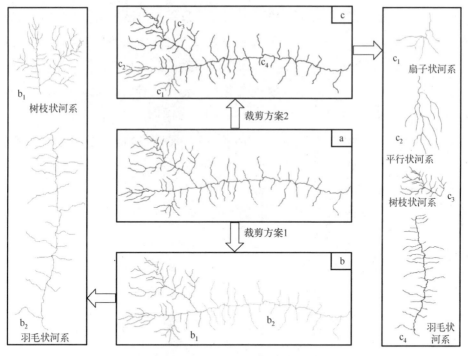

图 4.10　混合形态河系的识别结果

为得到更精确的识别结果，剩余 7 名研究生认为有两种理想的裁剪方案可以用来聚集特征明显的河段。在图 4.10 中，b、c 区域展示了两种不同的裁剪方案。a 区域按照裁剪方案 1 裁剪后得到 b_1、b_2，裁剪程度较低。利用本模型对 b_1、b_2

区域进行河系形态的测试后，b_1 区域的测试结果为树枝状河系，b_2 区域的测试结果为羽毛状河系。a 区域按照裁剪方案 2 裁剪后得到 c_1、c_2、c_3 和 c_4，裁剪程度较高。利用本模型对 c_1、c_2、c_3 和 c_4 区域进行河系形态的测试后，c_1 区域的测试结果为扇子状河系，c_2 区域的测试结果为平行状河系，c_3 区域的测试结果为树枝状河系，c_4 区域的测试结果为羽毛状河系。采用两种不同的裁剪方案可以得到不同区域范围的河系，结果显示，利用本模型测试后的结果与制图人员的认知结果一致，说明无论选取的是整个实验河系还是利用某种裁剪方案得到的目标河系，本书提出的指标体系都可以准确地描述河系形态的特征。因此，本模型能够有效地挖掘河系形态的特征，从而表现出强大的识别性能。

3. 多尺度河系形态的识别结果

虽然河系综合前后会出现空间关系与河段数量的明显变化，但河系形态会在一定程度上保持其不变性。为验证本书提出的河系形态指标对河系形态的描述能力和本模型的识别能力，选取多尺度的河系进行实验。在保证河系综合后河流不被删除的情况下，本书选取 3 个尺度的河系向量数据对综合前后的河系形态进行识别。多尺度河系综合前后的河系形态识别结果如图 4.11 所示。其中，图 4.11（a）为 1∶10000 河系，图 4.11（b）为 1∶10000 综合后的 1∶50000 河系，图 4.11（c）为 1∶10000 综合后的 1∶250000 河系。利用本模型对 3 个尺度下的

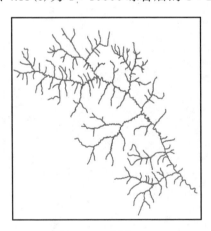
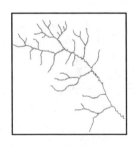

(a) 1∶10000 河系　　　　　　　(b) 1∶50000 河系　　　　(c) 1∶250000 河系

图 4.11　多尺度河系综合前后的河系形态识别结果

河系形态分别进行测试，结果均为树枝状河系，这与认知结果相符。该结果说明在河系综合前后，无论是原始河系空间关系发生变化还是河段数量减少，本书构建的河系形态的指标体系均能忽略其变化，有效地对其形态进行描述，同时也说明本模型能够充分利用河系形态的特征，有效地挖掘河段之间的关联特征，具有强大的识别能力。

4.4.4　模型性能分析

模型训练中损失函数值与准确率的变化如图 4.12 所示，训练准确率和验证准确率均为 0.9880。从结果中可以看出，在 200 个训练次数之前，训练损失函数值和验证损失函数值均迅速下降，训练准确率和验证准确率均迅速提高。在 200 个训练次数至 325 个训练次数之间，训练损失函数值和验证损失函数值均小范围下降，模型准确率提高了 0.08。在 325 个训练次数之后，训练损失函数值和验证损失函数值均处于平稳状态，在 0.2 左右有很小的波动，模型准确率也在小范围内波动，所有训练指标都趋于平稳拟合。为防止 epoch 次数过多，导致模型的过度拟合，本书选择训练次数为 500 个来进行后续的实验。

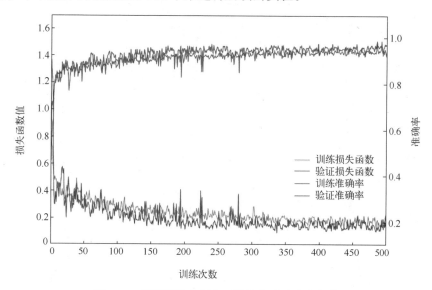

图 4.12　模型训练中损失函数值与准确率的变化

通过前文可知，基于 GraphSAGE 构建的河系形态识别模型能够很好地识别不同形态的河系，与人的认知结果基本相同。此时，为进一步测试模型的准确率与泛化能力，本书对 500 个测试样本进行测试，整个测试集的准确率为 97.25%，同样具有较高的识别准确率。为评估模型对每类河系形态识别的能力，本书引入了 3 个常用的指标：准确率、召回率、F1 值。在比较提取结果时，考虑 25 个评估类别，直接从混淆矩阵中计算这几个指标。准确率的评估矩阵如表 4.5 所示。其中，"真正（TP）"表示被模型预测为正的正样本；"真负（TN）"表示被模型预测为负的负样本；"假正（FP）"表示被模型预测为正的负样本；"假负（FN）"表示被模型预测为负的正样本。

表 4.5　准确率的评估矩阵

混淆矩阵		预测	
		正确	错误
实际	正确	TP	FN
	错误	FP	TN

$$准确率：A = \frac{TP + TN}{TP + FP + TN + FN} \tag{4.6}$$

$$总体识别准确率：P_o = \frac{TP}{TP + FP + TN + FN} \tag{4.7}$$

$$总体预期准确率：P_e = \frac{(TP+FP) \times (TP+FN)}{(TP + FP + TN + FN) \times (TP + FP + TN + FN)} \tag{4.8}$$

$$Kappa 系数：K = \frac{P_o - P_e}{1 - P_e} \tag{4.9}$$

$$精确率：P = \frac{TP}{TP + FP} \tag{4.10}$$

$$召回率：R = \frac{TP}{TP + FN} \tag{4.11}$$

$$F1 值：F1 = 2 \times \frac{P \times R}{P + R} \tag{4.12}$$

每类河系形态识别的评估结果如图 4.13 所示。从识别的整体准确率和识别结果来看，本模型具有较高的识别准确率。其中，平均准确率为 0.9725，平均召回率为 0.9720，平均 F1 值为 0.9720。从细节上来看，大多数河系形态可以归入正确的类别，尤其是羽毛状和格子状河系。这两类河系之所以具有较高的识别准确率，是因为其河系形态在某一方面具有很明显的特征。扇子状、平行状和树枝状河系的识别准确率分别为 0.98、0.94、0.95，同样具有很好的结果。因此，以上结果说明本书提出的河系形态识别模型具有较高的识别能力，表现出良好的性能。

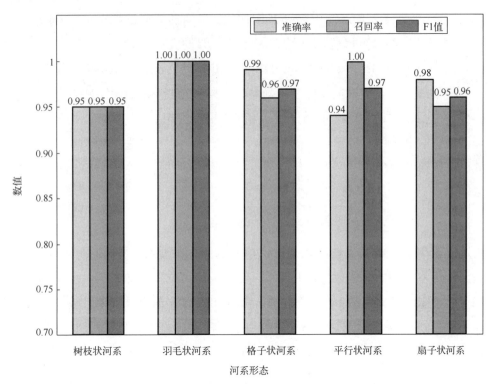

图 4.13　每类河系形态识别的评估结果

　　针对多条河段构成的单一形态河系、混合形态河系和多尺度河系，本书提出的模型均能够准确地识别出其形态，尤其是正确识别出多条河段构成的单一形态河系和多尺度河系。因此，一方面可以利用本模型识别出正确的形态，通过选取合适的河系综合方法得到正确的河系综合结果。另一方面可以利用本模型对综合后的河系进行质量评价，衡量河系综合前后形态的变化，这有利于实现河系综合的自动化水平。自然界中的河系往往是多形态杂糅在一起的，针对混合形态河系，本书根据人的认知，利用不同的裁剪方案分别对其结果进行预测，最终得到的模型的结果与认知结果保持一致，表明本模型的有效性。

4.4.5　参数敏感性分析

合适的参数对模型的性能是非常重要的。对于一般的超参数，如学习率和批量大小，学习率设置为 0.008，批量大小设置为 10。由于在学习上下文信息的过程中，涉及模型的层数、嵌入向量的维度、输入模型的参量以及 GraphSAGE 对河段信息的聚合方法等的选择，因此参数的设置对一个可靠的网络至关重要。GraphSAGE 的邻域越大、深度越大，获得的河段信息就越多，但训练稳定的模型需要更长的时间。通过准确分析不同形态指标的作用，可以帮助人们构建性能稳定的河系形态识别模型。为获得更好的超参数，如模型的层数和聚合函数，本书采用了控制变量的方法。接下来，将详细描述如何调整超参数的值，包括模型的层数、嵌入向量的维度、参数敏感性以及探讨如何选择更好的聚合器。

1. GraphSAGE 的参数对识别性能的影响

为获得更好的模型的层数与嵌入向量的维度的组合，本书进行了 30 组实验。在这些实验中，将模型的层数设置为 2，嵌入向量的维度分别设置为 16、32、64、128、256、512，对模型进行训练和测试并观察模型的性能，以获得在模型的层数为 2 时与嵌入向量的维度最好的组合。同理，将模型的层数设置为 3～6，分别与嵌入向量的维度组合，即获得不同模型的层数与嵌入向量的维度的组合。

模型的层数与嵌入向量的维度对模型准确率的影响如图 4.14 所示。从结果中发现，当模型的层数设置为 3，嵌入向量的维度设置为 128 时，模型准确率最高，因此，本书选取该参数。此外，由测试结果发现，模型的层数、嵌入向量的维度与模型准确率之间并没有直接关系，但当嵌入向量的维度为 128、256、512 时，模型准确率均在区间 0.8858～0.9725 上，识别准确率较平稳。

GraphSAGE 图神经网络中的聚合函数在河系形态识别中具有不同的聚合河段特征的能力。本书进行的一系列实验能够定量发现不同聚合函数在河系形态识别中的性能，主要包括长短期记忆网络聚合函数、最大池化聚合函数和均值聚合函数。不同聚合算子对模型性能的影响如表 4.6 所示。通过比较发现，长短期记忆网络聚合函数、最大池化聚合函数和均值聚合函数在训练上具有很好的性能，说明 GraphSAGE 图神经网络具有强大的信息聚合能力，同时，不同聚合函数也存在细小的区别。例如，均值聚合函数侧重于河段特征的平均水平，最大池化聚合函数侧重于河段某个特征的最大值。通过计算发现，均值聚合函数的计算复杂度低，在测试准确率和训练时间上均具有良好的性能。因此，将均值聚合函数用于本书的实验。

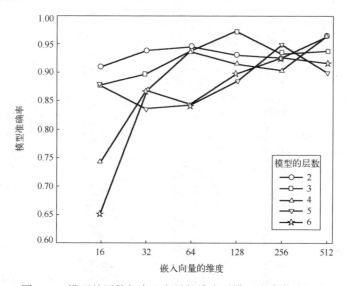

图 4.14　模型的层数与嵌入向量的维度对模型准确率的影响

表 4.6　不同聚合算子对模型性能的影响

聚合函数	训练准确率	测试准确率	训练时间/s
长短期记忆网络聚合函数	0.9691	0.9543	587.67
最大池化聚合函数	0.9752	0.9431	360.15
均值聚合函数	**0.9882**	**0.9725**	**356.95**

2. 输入不同变量对模型性能的影响

输入不同变量对模型性能的影响如图 4.15 所示。每次仅有一个指标或除该指标外的所有指标作为输入变量进行识别比较，以研究输入变量对河系形态识别的重要性。当使用 4 个指标作为输入变量时，准确率为 97.25%，当缺少任何一个指标时，准确率都低于 97.25%，这项发现表明，每个指标在河系形态识别中都具有一定的作用。当使用一个指标作为输入变量时，河段汇入角度对河系形态识别的影响最大，其次是 Strahler 编码，而伸长比和圆度比的影响较低。一方面，这一发现进一步体现了地理环境对河系发育的影响，表明河段汇入角度和 Strahler 编码在河系形态识别中的重要性。另一方面，这一发现可归因于河系局部流域单元的提取，而这一过程复杂且难以量化。

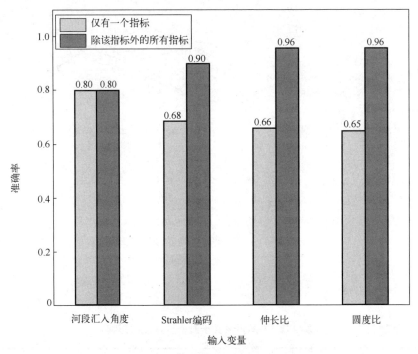

图 4.15 输入不同变量对模型性能的影响

单一指标对不同河系形态识别性能的影响如图 4.16 所示。通常研究不同河系特征在不同河系形态中表现的重要程度，可以提高模型在某一方面的性能。使用不同的识别指标对每类河系形态进行识别，可以评估每类指标对河系形态识别性能的影响。从结果来看，当使用伸长比和圆度比时，能够准确地识别出格子状河系，且在平行状河系识别中的准确率也较高。这项发现表明，格子状和平行状河系的流域单元形态的特征明显，即格子状河系的流域单元形态比较方正，近似正方形，平行状河系的流域单元形态属于明显的狭长形。然而，在其他 3 类形态河系中，该指标的性能表现一般，可以认为其他 3 类形态河系流域单元不具有明显的形态特征。该结果与实际河系表现出的特征相符。河段汇入角度在每类河系形态识别中的平均准确率均较高，尤其是在格子状河系中，在树枝状和平行状河系中也具有较高的识别性能，主要考虑为格子状河系的河段汇入角度近似直角，而平行状河系的河段以较小的锐角汇入，树枝状河系的河段以较大的锐角汇入。Strahler 编码在羽毛状河系形态识别中的性能最好，主要在于羽毛状河系的分形度较低。

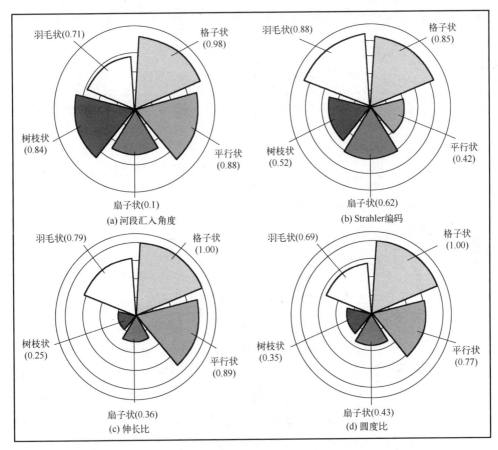

图 4.16　单一指标对不同河系形态识别性能的影响

将反映流域单元形态的其他指标与河段汇入角度、Strahler 编码组合作为模型学习的特征，训练得到本书模型的替换模型或者补充模型如表 4.7 所示。在本书提到的 3 类指标中，河系整体层级与河段个体层面只涉及一个指标。因此，本书将河段汇入角度与 Strahler 编码作为模型的固定输入变量，选取形态因子和双纽线因子作为反映河系局部流域单元形态中轴长与面积之间的关系指标，选取紧凑度系数和分形维度作为反映河系局部流域单元形态中周长与面积之间的关系指标。在模型其他参数相同的情况下，将上述指标分别组合作为模型的输入变量，分别对其进行测试。表 4.7 展示了 4 组实验中模型的输入变量与测试准确率，可以看出实验的测试准确率均在 94%以上，最高可达 97%，说明利用 4 种指标构建的模型仍然具有较高的准确率，在某些方面可以替换本模型或者作为本模型的补充来使用。

表 4.7　本书模型的替换模型或者补充模型

实验分组	河段汇入角度	Strahler 编码	形态因子	双纽线因子	紧凑度系数	分形维度	测试准确率
1	√	√	√		√		0.9451
2	√	√	√			√	0.9700
3	√	√		√	√		0.9486
4	√	√		√		√	0.9689

4.4.6　方法比较

将本书提出的方法与其他机器学习方法进行比较，包括随机森林（Random Forest，RF）、支持向量机（Support Vector Machine，SVM）、图卷积网络（Graph Convolutional Networks，GCN）和图注意力网络（Graph ATtention networks，GAT）。使用相同的数据集（训练、验证和测试数据集）证明本书提出的方法可以学习河系的深层特征，具有较强的识别性能。不同方法的比较结果如图 4.17 所示。本书提出的基于 GraphSAGE 的河系形态识别模型使用聚合功能提取河段特征，这大大受益于局部河段的典型上下文信息，因此其能对河系形态进行识别。此外，本书提出的方法还可以学习更多的河系特征，从而更好地对河系形态进行识别。

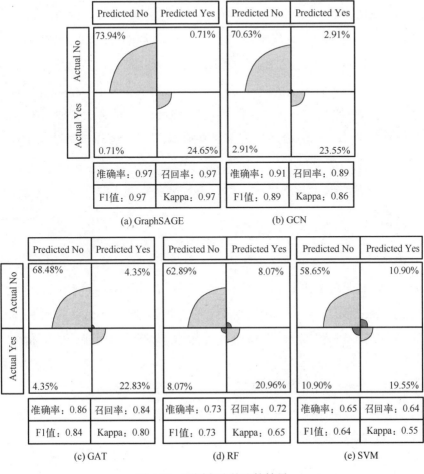

图 4.17　不同方法的比较结果

GAT 通过注意力机制对邻居节点的信息进行聚合操作，根据邻居节点的重要程度自适应分配权重，但有时会由于对部分特征过于敏感而导致权重分配较大，因此其性能较差。GraphSAGE 是一个信息传递框架，通过聚合函数，一个节点能够聚合邻居节点的信息，并通过更新函数（神经网络）更新当前节点的信息，这就是一次迭代的信息传递过程。随着迭代次数的增加，一个节点能够聚合到更高阶邻居节点的信息。GCN 和 GAT 都局限于获得一阶邻居节点的信息，而 GraphSAGE 可以随着层数的增加学习到更高的邻居节点的信息。与传统机器学习方法相比，支持向量机（Support Vector Machines，SVM）和随机森林（Random Forest，RF）性能较差，这是因为它们无法挖掘河系更深层次的河系特征。

本书提出的方法与文献[55]中的方法均利用了图深度学习技术，以数据驱动的监督学习方法实现河系形态识别。与传统基于规则的方法相比，以数据驱动的方法可以得到更好的学习参数，当数据的规模或地理特征发生变化时，可以有效识别出河系的形态，自适应能力强，具有较高的识别准确率和自动化水平。与文献[55]中的方法相比，在训练过程中，本书提出的方法能够更方便地采样河段信息，充分挖掘邻居河段的关联特征，是一种考虑了地质构造等特征的河系形态的图神经网络方法。

4.5　小结

河系形态识别是河系向量数据智能化处理的关键步骤。本书从河系整体层级、局部流域和河段个体 3 个层面构建了河系形态的描述指标体系，构建了多形态河系向量数据库。同时，利用数据驱动的监督式的学习方法，构建了河系形态识别的 GraphSAGE 图神经网络模型，该模型能够有效利用邻居采样函数与聚合函数灵活传递河段之间的关联关系，有效挖掘了河系形态的特征，达到了预期的识别准确率。此外，利用测试集数据、大范围内的多形态河系向量数据、多尺度河系向量数据以及由不同裁剪方法得到的河系向量数据对模型进行了测试，结果表明，该模型具有较高的识别准确率。

第5章　面向多形态河系相似度计算的图傅里叶方法

度量多形态河系的相似性，本质是对多形态河系的一致性特征进行识别，然后根据提取的特征计算其相对偏差，从而得到多形态河系的相似度。在该过程中，考虑到河系本身是一种图数据，所以度量多形态河系之间的相似性本质是度量河系图的相似性。在图数据的研究中，利用图模型的测量方法在频域中的性能明显优于其在空域中的性能。因此，本书提出通过度量频域中河系图的相似性来度量多形态河系的相似性。首先，将目标河系转化为图结构，即利用河系的河段连接关系与交汇点的特征，将河系数据转换为河系对偶图。然后，利用图傅里叶变换（Graph Fourier Transform，GFT）将河系的空域特征转化到频域中。最后，多形态河系的相似性等同于其频域特征彼此之间的偏差，从而计算得到多形态河系的相似度。

5.1　空域与频域信号比较

图信号是一种定义在图的节点上的信号，与离散时间信号不同，它们之间有着独特的关联结构。在研究图信号的特征时，除了要考虑信号的强度，还需要考虑图的结构，这是因为即使信号的强度相同，信号在不同的图上也会表现出不同的特征。含有 6 个节点的图结构如图 5.1 所示，特征向量作为图信号的示意图如图 5.2 所示。以上两图很明显地展示了图信号与图拓扑结构有关。GFT 是一种用于图信号处理领域的变换方法，类似于传统傅里叶变换在空域和频域之间信号的转换，但与传统傅里叶变换不同的是，GFT 可以处理非欧几里得空间的图形和网络，即不需要将信号转换为连续的函数。通常可以将一个图形的邻接矩阵作为输入来计算 GFT。因此，GFT 适用于任何类型的图形，且能够处理图上的信号。

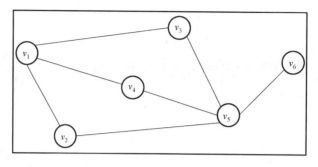

图 5.1　含有 6 个节点的图结构

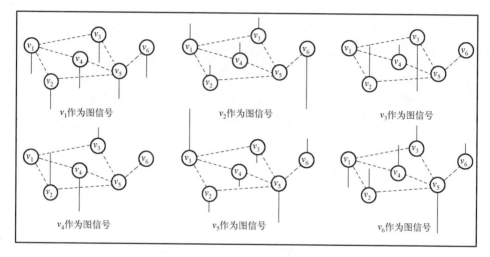

图 5.2　特征向量作为图信号的示意图

　　GFT 的核心思想是将图信号表示为一个向量，这个向量是通过将由每个节点的信号值组成的向量与一组特定的正交基向量进行内积得到的。这组正交基向量通常是由图上的拉普拉斯算子的特征向量组成的。因此，GFT 的实现通常涉及计算拉普拉斯算子的特征向量和特征值。GFT 可以将图信号在频域上进行分析和处理。图特征在空域与频域的对比结果如图 5.3 所示。

　　为比较图结构对相似度计算的影响，本书选用相同数目的图节点，构成不同的图结构。结果表明，在节点特征相同的情况下，利用 GFT 后，图信号的频域特征具有明显的变化。不同图结构的空域和频域特征的对比结果如图 5.4 所示。图 G_1 与图 G_2 均有 6 个节点，而图 G_1 有 7 条边，图 G_2 有 5 条边，节点 v_1 少了两条边。在得到的频域特征中，节点 v_2, v_3, v_4 在频域中的特征受到较大的影响。因此，需要采用 GFT

将河系特征转换到频域中。实际上，在频域中计算河系的相似度时，能够将河系的拓扑结构信息融合在多形态河系的相似度计算中。

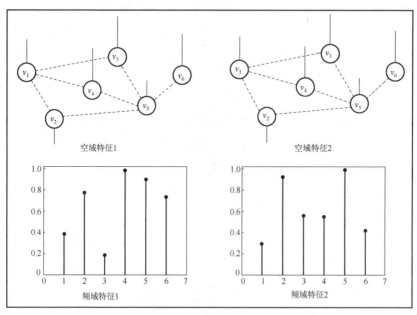

图 5.3　图特征在空域与频域的对比结果

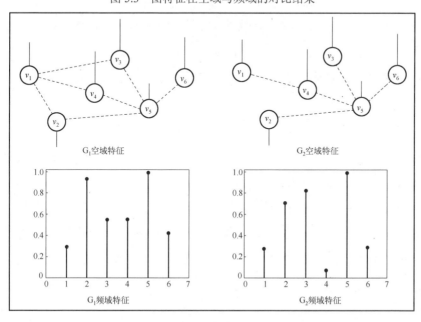

图 5.4　不同图结构的空域和频域特征的对比结果

5.2　多形态河系相似度计算的图傅里叶方法

　　虽然在空域和频域中均可以描述每条河段的特征，但是在频域中，可以将复杂的河系结构以及几何等特征整合变换到频域信号中，通过特定的变量信息表示，实现河系相似度的准确计算。与常规的图数据相比，空间向量数据呈现出更复杂的空间相似关系和结构。在图像空间中，像素的邻域是具有移位不变性的规则邻域，而地图空间中像素的邻域会随着位置的变化而变化。具体来说，在将 GFT 应用于河系向量数据中时，有必要将河段之间的空间相似关系引入模型中。图模型可以很好地表示河系的不规则结构。

　　利用 GFT 计算多形态河系的相似度时，能够捕捉河段之间的关系。通过用图结构表示河系形态，将计算多形态河系相似度的问题转换为度量两个图的相似性的问题。GFT 可以作为图结构在空域和频域中的等效运算。换句话说，GFT 可以将复杂的图结构转换到频域中，并利用周期函数测量图结构中节点特征出现的正则性模式，以实现对频域内节点特征呈现出的规律性特征的提取。与一般的傅里叶变换相比，GFT 不仅可以对向量数据的不规则结构信息进行建模，还能够结合节点上的可变信息。例如，GFT 可以对河段汇入角度进行建模。

　　利用 GFT 计算多形态河系相似度的过程如图 5.5 所示，主要包括 3 个部分。首先，对原始河系进行对偶图构建与空域特征提取，特征主要指与河系形态相关的变量，包括 Strahler 编码、河段汇入角度、伸长比和圆度比。每个节点均有 4 个特征。然后，在上述操作的基础上进行频域特征提取。河系对偶图的图结构通过 GFT 转换为频域形式，用共空间模式算法计算投影矩阵，此时，河系形态的所有特征都可以在频域中被识别为特征值。最后，两个河系形态之间的相似度可以通过计算它们在公共特征向量空间中的距离（特征欧氏距离）来计算。

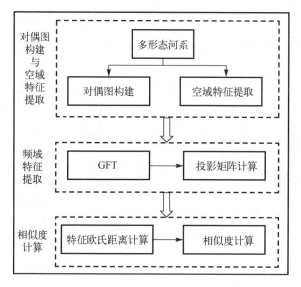

图 5.5　利用 GFT 计算多形态河系相似度的过程

5.2.1　河系数据图结构表达

河系本身是一种图数据，由于河段具有丰富的几何、语义等属性，并且河段之间有复杂的拓扑结构信息，如果直接利用河系本身的图结构来计算相似度，会忽略河段本身的一些重要属性。因此，构建河系对偶图，将河段作为图结构中的节点，此时，GFT 可以将河段特征转换到频域中，充分利用河段丰富的特征信息。

5.2.2　河系特征由空域向频域转换

GFT 将河系特征由空域向频域转换，将输入的河系表示为相应的图，包含图的邻接矩阵和特征矩阵。其中，将指定河系的特征赋予顶点，顶点之间的关系由边建模。在该过程中，单个形态属性（Strahler 编码、河段汇入角度、伸长比和圆度比）和河系对偶图的拉普拉斯特征向量为输入，每个拉普拉斯特征值对应的信号为输出。河系 Strahler 特征由空域转到频域后特征信号的输出如图 5.6 所示。实际上，拉普拉斯特征向量是用对偶图表示的河系形态的

"空间特征"。因为每个"空间特征"都表示相邻河段之间的一种关系，所以整个"空间特征"包含了每条河段。因此，输出的特征信号包含整个河系对象的全局关系。

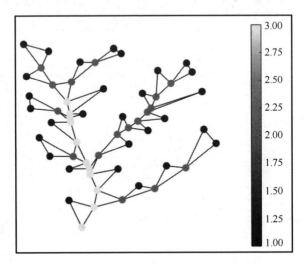

(a) Strahler编码空域特征

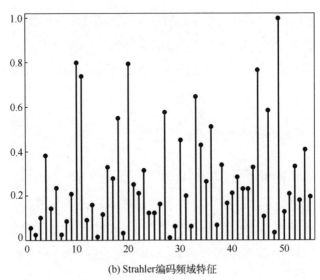

(b) Strahler编码频域特征

图 5.6　河系 Strahler 特征由空域转到频域后特征信号的输出

5.2.3　多形态河系相似度计算

在频域内计算多形态河系相似度时，转换到频域后的河系特征不在同一"空间特征"中，即根据频域特征无法直接计算河系的相似度，此时，需要将河系特征映射到同一"空间特征"中再进行后续处理。本书引入共空间模式算法（Common Spatial Pattern，CSP）来处理频域特征不在同一"空间特征"中的问题。CSP 是一种用来提取两类信号的空域滤波特征的算法，能够从多通道的脑机接口数据中提取每类信号的空间分布成分。CSP 的基本原理是利用矩阵的对角化来找到一组最优的空间滤波器进行投影，使两类信号的方差值差异最大化，从而得到具有较高区分度的特征向量。

本书的目的是将两个河系的特征矩阵投影到同一"空间特征"中再进行比较。具体来说，假如图 G_1 的体积大于图 G_2，首先利用拉普拉斯变换将图 G_1 的特征矩阵投影到与图 G_2 相同的"空间特征"中，记作 G_{1R}。CSP 算法的具体操作过程如下：

首先，求 G_{1R} 和 G_2 的协方差矩阵 R_{1R} 和 R_2，通过公式（5.1）计算：

$$R_{1R} = \frac{G_{1R}G_{1R}^T}{\text{trace}(G_{1R}G_{1R}^T)}, \quad R_2 = \frac{G_2G_2^T}{\text{trace}(G_2G_2^T)} \tag{5.1}$$

其中，G_{1R}^T 是 G_{1R} 的转置，$\text{trace}(G_{1R}G_{1R}^T)$ 是矩阵 $G_{1R}G_{1R}^T$ 对角线上元素的和。此时，混合空间的协方差矩阵 R 为

$$R = \bar{R}_{1R} - \bar{R}_2 \tag{5.2}$$

其中，$\bar{R}_{1R}$ 是 R_{1R} 的平均协方差矩阵，$\bar{R}_2$ 是 R_2 的平均协方差矩阵。然后，协方差矩阵 R 在混合空间中的特征值分解为

$$R = U\Lambda U^T \tag{5.3}$$

其中，U 是矩阵 Λ 的特征向量矩阵，Λ 是由相应的特征值形成的对角矩阵。接着，将特征值按降序排列，则白化矩阵 P 为

$$P = \sqrt{\Lambda^{-1}}U^T \tag{5.4}$$

接下来，构建空间滤波器，此时需要对 R_{1R} 和 R_2 进行如下变换，即

$$S_1 = PR_{1R}P^{\mathrm{T}}, \quad S_2 = PR_2P^{\mathrm{T}} \tag{5.5}$$

对 S_1 和 S_2 进行主成分分析与分解，即

$$S_1 = B_1\lambda_1 B_1^{\mathrm{T}}, \quad S_2 = B_2\lambda_2 B_2^{\mathrm{T}} \tag{5.6}$$

其中，$B_1 = B_2$，λ_1 和 λ_2 是两个特征值的对角矩阵，与投影矩阵 W 相对应的空间滤波器如下，即

$$W = B_1^{\mathrm{T}}P \tag{5.7}$$

由于不同变量具有不同的尺度，因此不能直接使用欧氏距离在频域中计算多形态河系的相似度。此时，需要对每个形态特征都进行归一化处理，方法如下，即

$$\mu_i = \frac{|\mu_i|}{|\mu_1| + |\mu_2| + \cdots + |\mu_n|} \tag{5.8}$$

其中，μ_1 表示第一个特征值，μ_2 表示第二个特征值，$|\mu_1| + |\mu_2| + \cdots + |\mu_n|$ 表示频域中所有特征值之和。

a 和 b 两个河系单一特征的相似度可以通过公式（5.9）计算，即

$$S_f = 1 - \sqrt{(\mu_{a1} - \mu_{b1})^2 + (\mu_{a2} - \mu_{b2})^2 + \cdots + (\mu_{a(n-1)} - \mu_{b(n-1)})^2 + (\mu_{an} - \mu_{bn})^2} \tag{5.9}$$

其中，S_f 表示单一特征的相似度，μ_a 表示河系 a 的特征，μ_b 表示河系 b 的特征。

两个河系的总相似度可以通过公式（5.10）计算，即

$$S_s = w_{f1}S_{f1} + w_{f2}S_{f2} + w_{f3}S_{f3} + w_{f4}S_{f4} \tag{5.10}$$

其中，w_f 表示单一特征的权重，有

$$w_{f1} + w_{f2} + w_{f3} + w_{f4} = 1 \tag{5.11}$$

两个羽毛状河系的相似度计算过程如图 5.7 所示。首先，构建羽毛状河系 1 与羽毛状河系 2 的对偶图。接着，提取两个河系的邻接矩阵和相关特征，利用 GFT 技术将河系特征转换到频域中，再通过 CSP 构建相应的投影矩阵。最后，利用欧氏距离计算羽毛状河系 1 与羽毛状河系 2 特征的差异程度，得到羽毛状河系 1 与羽毛状河系 2 的相似度为 0.82，实验结果与人的认知结果相符。

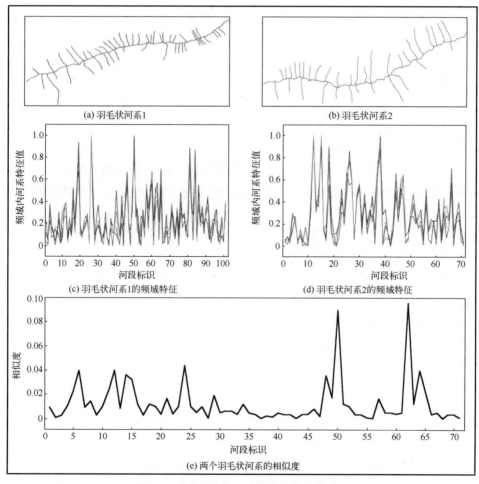

图 5.7　两个羽毛状河系的相似度计算过程

5.3　实验结果和讨论

5.3.1　数据准备

从第 4 章的河系形态识别的结果中，任意选取每类形态河系中的 6 个河系进行相似度的计算与分析。

5.3.2　相似度结果分析

在计算多形态河系相似度的过程中，每个指标只集中在一个特定的方面来度量河系的相似性，而人类的认知总是同时考虑河系形态识别的多个指标。因此，每条河段都可以视为人类认知的一个组成部分，每个加权指标都符合人类认知的相似性。由于河系的指标和对偶图的结构在表示和测量河系中都起着重要的作用，因此利用 GFT 方法，通过结合这些指标来度量河系形态之间的相似性。基于 GFT 方法将构建的河系对偶图从空域转换到频域中，此时，单一指标和构建的河系对偶图的拉普拉斯特征向量作为输入，每个拉普拉斯特征值对应的信号作为输出。本方法的目的是在频域中计算多形态河系的相似度。本章选用第 4 章中河系形态识别时所用的指标，以此对 5 类形态河系的相似度进行计算与分析。

1. 树枝状河系

树枝状河系样例如图 5.8 所示。其中，样例 1 与样例 4 的河段数目相同，均为 57，即构成河系对偶图的节点数目相同，但河段的连接关系不同。样例 2、3、5、6 的河段数目分别为 35、31、41、61。

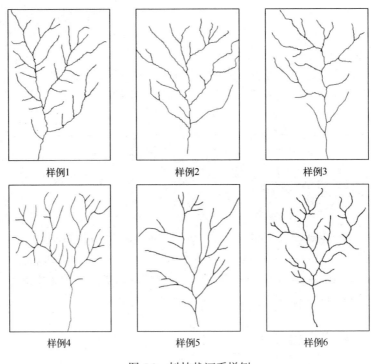

图 5.8　树枝状河系样例

利用 GFT 将河系特征转换到频域中，特征归一化到区间 [0,1]。树枝状河系样例的频域特征如图 5.9 所示，发现频域中的特征值能够直观地显示树枝状河系的所有特征。接着，通过投影矩阵计算后，既可以计算任意两个树枝状河系在单一指标上的相似度，也可以计算两者在多个指标上的相似度。树枝状河系的相似度如表 5.1 所示，数值描述了河系之间的相似程度，其中，编号 (1,2) 表示图 5.8 中的样例 1 与样例 2 进行相似性比较。

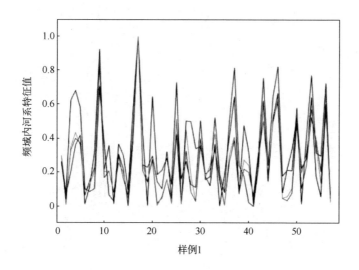

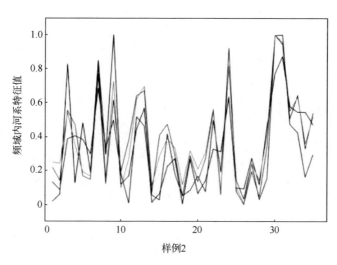

图 5.9　树枝状河系样例的频域特征

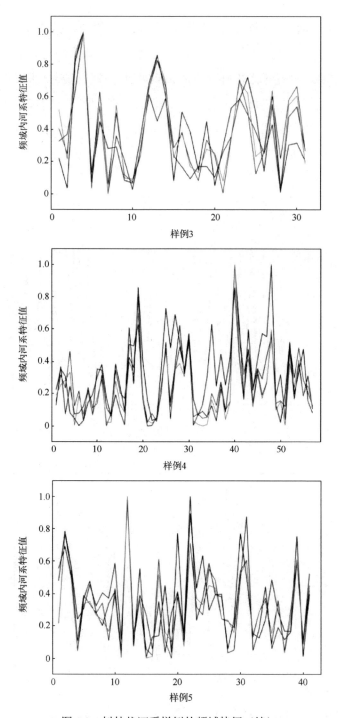

图 5.9　树枝状河系样例的频域特征（续）

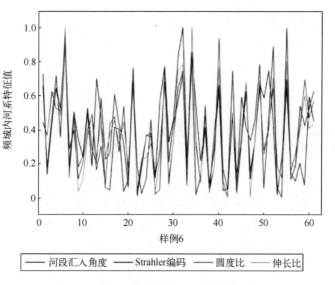

图 5.9　树枝状河系样例的频域特征（续）

表 5.1　树枝状河系的相似度

编号	河段汇入角度	Strahler 编码	伸长比	圆度比	总相似度	问卷相似度
(1,2)	0.84	0.75	0.80	0.83	0.81	0.85
(1,3)	0.68	0.76	0.67	0.73	0.71	0.74
(1,4)	0.78	0.90	0.75	0.75	0.80	0.65
(1,5)	0.53	0.62	0.77	0.82	0.69	0.78
(1,6)	0.76	0.84	0.66	0.65	0.73	0.67
(2,3)	0.72	0.84	0.65	0.84	0.76	0.79
(2,4)	0.67	0.63	0.83	0.86	0.75	0.70
(2,5)	0.86	0.65	0.76	0.68	0.74	0.79
(2,6)	0.67	0.65	0.74	0.76	0.71	0.67
(3,4)	0.76	0.64	0.73	0.75	0.72	0.66
(3,5)	0.76	0.69	0.85	0.76	0.77	0.80
(3,6)	0.65	0.65	0.75	0.79	0.71	0.69
(4,5)	0.71	0.74	0.73	0.76	0.74	0.69
(4,6)	0.70	0.79	0.79	0.73	0.75	0.79
(5,6)	0.63	0.62	0.73	0.70	0.67	0.69

从表 5.1 中可以看出，6 个河系两两比较后的总相似度均不高，为 0.67～0.81。其中，样例 5 与样例 6 的总相似度最低，样例 1 与样例 2 的总相似度最高。6 个河系两两比较后的总相似度在区间 0.67～0.81 上。本书采用问卷调查的方法，邀请了从事空间相似关系研究的 15 名研究生对其中的 6 个河系样例进行打分，以说明本书的方法在多形态河系相似度计算方面的准确率。问卷调查的结果显示，与本书方法计算的结果相比，两种方法在样例 1 与样例 4、样例 1 与样例 5、样例 3 与样例 4、样例 4 与样例 5 上的相似度差别较大，这主要是因为人在对目标河系的视觉感知上存在两个河系的河段数目、河段的排列分布等对目标河系相似度判断的影响。但是，利用本书的方法计算的总相似度结果还是比较符合人的认知的。从单一指标的相似度来看，由于河系数据具有复杂的空间结构，只通过人的认知难以单独对 4 类指标进行相似度的分析。在本书方法的计算结果中可以发现，在河段汇入角度指标上，样例 1 与样例 2、样例 2 与样例 5 具有较高的相似度，而样例 1 与样例 5、样例 5 与样例 6 的相似度不高，这主要有两个方面的原因：一方面，两个河系的真实河段汇入角度的大小确实比较接近或者存在一定的差异性，从而导致相似度较高或者较低。另一方面，相似度的计算结果与河系自身的图结构有很大的关联关系。在 Strahler 编码指标上，样例 1 与样例 4、样例 1 与样例 6、样例 2 与样例 3 具有较高的相似度，而样例 1 与样例 5、样例 2 与样例 4、样例 5 与样例 6 具有较低的相似度，出现这种结果的原因与真实河系样例在 Strahler 编码上的特征有关：一是河段数目多，二是河系分形结构明显。例如，样例 6 的 Strahler 编码最大为 4，样例 5 的 Strahler 编码最大为 3，且样例 6 中 Strahler 编码为 1 的河段明显长于样例 5 中 Strahler 编码为 1 的河段。在伸长比与圆度比指标上，两个指标针对的是河系的流域基本单元，且流域基本单元的形态还受河系支流的间隔等多重因素的影响。理论上讲，河系支流间隔较大的样例 1、2、3、5 之间的相似度相对接近，样例 4、6 之间的相似度相对较高，样例 1、2、3、5 与样例 4、6 之间的相似度相对较低。实际上，河系结构中河段数目的不同，导致利用本书方法计算的结果与理论值之间存在一定的偏差。例如，虽然样例 1 与样例 6 的河段数目接近，但两个河系在伸长比与圆度比指标上的相似度较低。总体来看，本书提出的方法不仅能融合河系自身的图结构，还能兼顾河系自身的特征，最终得到相对准确的相似度。

2. 羽毛状河系

羽毛状河系样例如图 5.10 所示。样例 1、2、3、4、5、6 的河段数目分别为 61、105、63、93、75、51，6 个羽毛状河系样例的河段数目差异相对较大。此外，样例 3 的支流明显长于其他 5 个样例，样例 1 与样例 4 的主流均表现出一定的弯曲，而样例 2、3、5、6 的主流相对笔直，整体表现出支流在主流两边分布的情况。

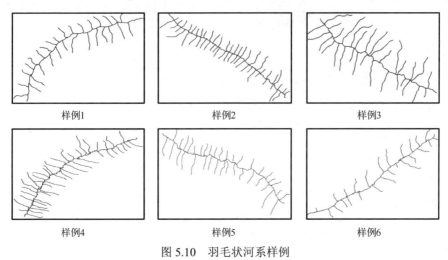

图 5.10　羽毛状河系样例

利用 GFT 将河系特征转换到频域中，特征归一化到区间 $[0,1]$。羽毛状河系样例的频域特征如图 5.11 所示，发现频域中的特征值能够直观地显示羽毛状河系的所有特征。

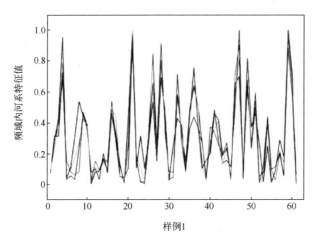

图 5.11　羽毛状河系样例的频域特征

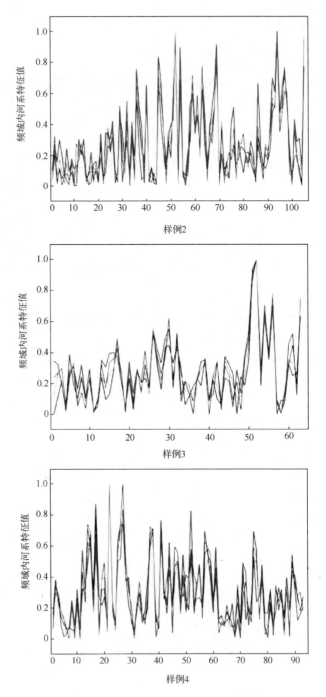

图 5.11 羽毛状河系样例的频域特征（续）

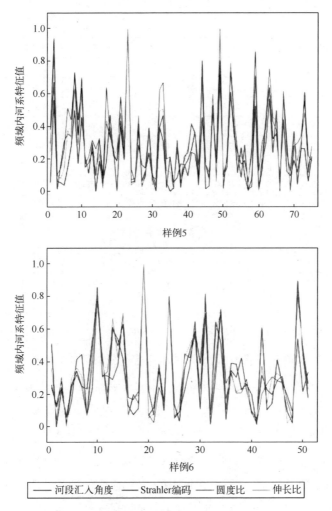

图 5.11　羽毛状河系样例的频域特征（续）

　　利用图 5.11 中羽毛状河系样例的频域特征，通过投影矩阵计算后，既可以计算任意两个羽毛状河系在单一指标上的相似度，也可以计算两者在多个指标上的相似度。羽毛状河系的相似度如表 5.2 所示，数值描述了河系之间的相似程度，其中，编号 (1,2) 表示图 5.10 中的样例 1 与样例 2 进行相似性比较。

表 5.2　羽毛状河系的相似度

编号	河段汇入角度	Strahler 编码	伸长比	圆度比	总相似度	问卷相似度
(1,2)	0.82	0.80	0.81	0.85	0.82	0.80
(1,3)	0.87	0.96	0.83	0.82	0.87	0.80

编号	河段汇入角度	Strahler 编码	伸长比	圆度比	总相似度	问卷相似度
(1,4)	0.82	0.83	0.85	0.84	0.84	0.85
(1,5)	0.84	0.82	0.88	0.86	0.85	0.92
(1,6)	0.86	0.87	0.84	0.85	0.86	0.87
(2,3)	0.83	0.81	0.82	0.84	0.83	0.80
(2,4)	0.84	0.90	0.94	0.93	0.90	0.85
(2,5)	0.83	0.82	0.89	0.86	0.85	0.93
(2,6)	0.79	0.71	0.78	0.79	0.77	0.84
(3,4)	0.86	0.82	0.83	0.84	0.84	0.80
(3,5)	0.89	0.88	0.81	0.83	0.85	0.82
(3,6)	0.88	0.87	0.85	0.83	0.86	0.81
(4,5)	0.86	0.80	0.88	0.89	0.86	0.83
(4,6)	0.86	0.82	0.81	0.76	0.81	0.78
(5,6)	0.82	0.85	0.85	0.88	0.85	0.89

在羽毛状河系相似度的计算结果中，两两比较后的相似度整体高于树枝状河系的相似度。在空间上，羽毛状河系河段的排列分布简单。其中，在河段汇入角度、Strahler 编码、伸长比与圆度比指标上，两个河系的相似度较高。例如，主流两侧的支流以接近直角的角度汇入主流，Strahler 编码支流均为 1，主流为 2，主流的流域基本单元与支流汇入的间距有关，支流的流域基本单元与支流的长度有关。通过表 5.2 可以发现，羽毛状河系的总相似度主要与图的节点数有关，即与构成河系的河段数目有关。河段数目接近的两个河系样例之间具有较高的相似度，反之，河段数目相差较大的两个河系样例之间具有较低的相似度。例如，样例 1 与样例 3、样例 2 与样例 4 具有较高的总相似度，样例 2 与样例 6、样例 4 与样例 6 具有较低的总相似度。在问卷调查结果的相似度中，样例 1 与样例 5、样例 2 与样例 5 具有较高的相似度，样例 4 与样例 6、样例 1 与样例 2、样例 1 与样例 3、样例 2 与样例 3、样例 3 与样例 4 具有较低的相似度。两种方法计算的相似度的结果存在差异，这主要是因为本书提出的方法在计算相似度时，融入了河系的图结构，因此导致总相似度的计算受到了河段数目的影响。在单一指标相似度的计算结果中可以看出，支流以接近直角的角度汇入主流。单从河段汇入角度的大小来看，羽毛状河系应该具有很高的相似度，但利用本书方法计算的结果与人的认知结果不同，

这主要是因为利用本书方法计算的相似度中明显融入了河系的结构信息。同理，流域基本单元的特征相似性也与河系自身的结构有明显的关联关系。这是因为在利用 GFT 将河系特征从空域转向频域中时，使用了河系对偶图的拉普拉斯矩阵，而拉普拉斯矩阵有效地挖掘了图的结构信息。在 Strahler 编码指标上，河段数目相差不大的河系具有较高的相似度。总体来说，考虑到羽毛状河系特殊的数据结构，其相似度主要与河段的数目有关，河段数目差异小则总相似度较大，河段数目差异大则总相似度较小。在单一指标相似度的计算结果中，两个河系的特征越相似，河段数目的差异越小，相似度也就越高。

3. 格子状河系

格子状河系样例如图 5.12 所示。样例 1、2、3、4、5、6 的河段数目分别为 55、65、61、69、49、81。格子状河系相比其他 5 类河系，显示出网状的特征，没有明显的整体方向特征。在整体视觉上，格子状河系的河段汇入角度一般接近直角，甚至为钝角，与其他 5 类河系明显不同。

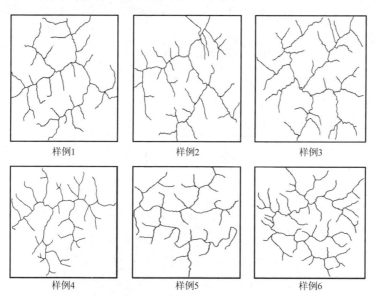

样例1　　　样例2　　　样例3

样例4　　　样例5　　　样例6

图 5.12　格子状河系样例

利用 GFT 将河系特征转换到频域中，特征归一化到区间[0,1]。格子状河系样例的频域特征如图 5.13 所示，发现频域中的特征值能够直观地显示格子状河系的所有特征。

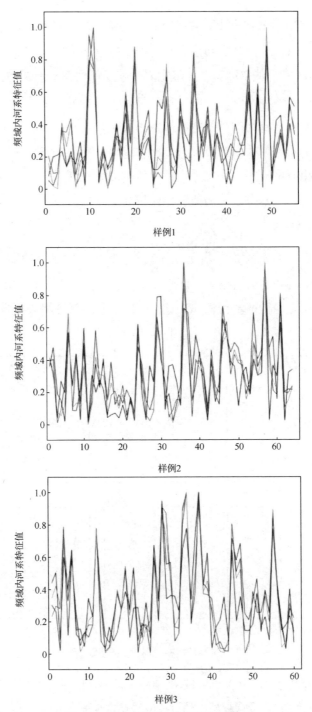

样例1

样例2

样例3

图 5.13　格子状河系样例的频域特征

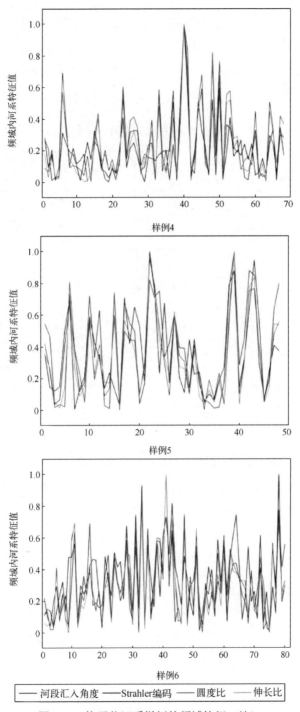

图 5.13　格子状河系样例的频域特征（续）

利用图 5.13 中格子状河系样例的频域特征，通过投影矩阵计算后，既可以计算任意两个格子状河系在单一指标上的相似度，也可以计算两者在多个指标上的相似度。格子状河系的相似度如表 5.3 所示，数值描述了河系之间的相似程度，其中，编号 (1,2) 表示图 5.12 中的样例 1 与样例 2 进行相似性比较。

表 5.3　格子状河系的相似度

编号	河段汇入角度	Strahler 编码	伸长比	圆度比	总相似度	问卷相似度
(1,2)	0.83	0.82	0.80	0.85	0.83	0.91
(1,3)	0.80	0.83	0.81	0.83	0.82	0.88
(1,4)	0.83	0.83	0.83	0.82	0.83	0.89
(1,5)	0.80	0.81	0.83	0.84	0.82	0.85
(1,6)	0.76	0.79	0.79	0.80	0.79	0.84
(2,3)	0.80	0.87	0.81	0.84	0.83	0.91
(2,4)	0.87	0.85	0.85	0.86	0.86	0.92
(2,5)	0.83	0.84	0.81	0.80	0.82	0.89
(2,6)	0.79	0.80	0.81	0.81	0.80	0.86
(3,4)	0.78	0.83	0.79	0.82	0.81	0.88
(3,5)	0.87	0.86	0.88	0.86	0.87	0.84
(3,6)	0.76	0.78	0.83	0.82	0.80	0.83
(4,5)	0.81	0.82	0.84	0.83	0.83	0.87
(4,6)	0.81	0.79	0.80	0.82	0.81	0.83
(5,6)	0.80	0.75	0.86	0.88	0.82	0.86

　　从整体上看，问卷调查得到的相似度结果明显高于利用本书方法计算的结果，这主要是因为格子状河系的整体分布样式极其接近，河系环绕分布没有明显的方向性，且流域基本单元在空间上呈现出方块状的特征，所以导致人对 6 个格子状河系样例的认知具有较高的相似度。从本书提出的方法来看，15 组河系总相似度的比较结果在 0.80 左右，样例 3 与样例 5、样例 2 与样例 4 的值最高，样例 1 与样例 6、样例 2 与样例 6、样例 3 与样例 6 的值较低，这主要是因为样例 6 与样例 1、2、3 相比，河段之间的距离较小，流域基本单元受到了影响，从而导致总相似度较低。

　　从单一指标的相似度来看，在河段汇入角度指标上，两个河系的相似度相差不大。在 Strahler 编码指标上，河段数目差异小的两个河系的相似度较高。例如，样例 5 的河段数目最少，样例 6 的河段数目最多，样例 5 与样例 6 在 Strahler 编码指标上两个河系的相似度较低，而样例 2 与样例 3 的河段数目差异较小，其相似度较高。在伸长比与圆度比指标上，两个河系的相似度与河系的空域特征和结构特征有关。从整体上看，两个河系的结构差异越小，两者的相似度就越高。

4. 平行状河系

平行状河系样例如图 5.14 所示。样例 1、2、3、4、5、6 的河段数目分别为 45、19、27、23、33、21。平行状河系最明显的特征是其两条河段的汇入角度较小，导致两条河段之间的距离较小。因此，本书提取到的平行状河系流域基本单元具有狭长的特征，明显不同于其他 4 类河系。

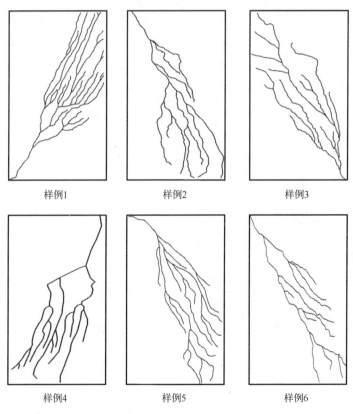

样例1　　　　　样例2　　　　　样例3

样例4　　　　　样例5　　　　　样例6

图 5.14　平行状河系样例

利用 GFT 将河系特征转换到频域中，特征归一化到区间[0,1]。平行状河系样例的频域特征如图 5.15 所示，发现频域中的特征值能够直观地显示平行状河系的所有特征。

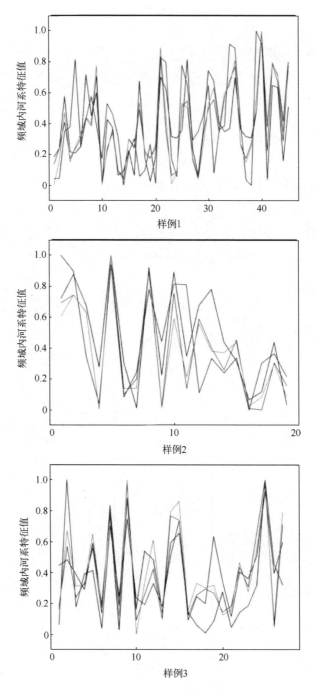

图 5.15　平行状河系样例的频域特征

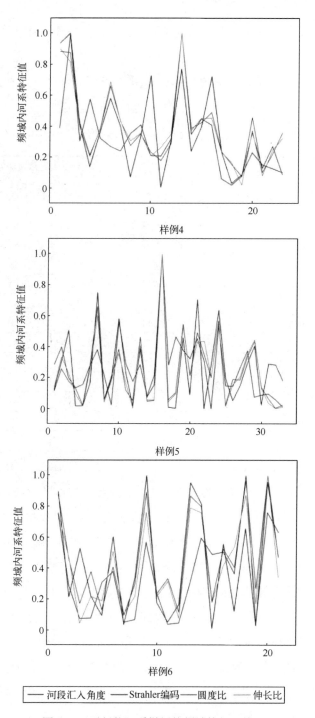

图 5.15　平行状河系样例的频域特征（续）

利用图 5.15 中平行状河系样例的频域特征，通过投影矩阵计算后，既可以计算任意两个平行状河系在单一指标上的相似度，也可以计算两者在多个指标上的相似度。平行状河系的相似度如表 5.4 所示，数据描述了河系之间的相似程度，其中，编号 $(1,2)$ 表示图 5.14 中的样例 1 与样例 2 进行相似性比较。

表 5.4　平行状河系的相似度

编号	河段汇入角度	Strahler 编码	伸长比	圆度比	总相似度	问卷相似度
(1, 2)	0.89	0.72	0.80	0.84	0.81	0.79
(1, 3)	0.85	0.83	0.84	0.82	0.84	0.81
(1, 4)	0.82	0.81	0.82	0.84	0.82	0.78
(1, 5)	0.89	0.84	0.82	0.85	0.85	0.80
(1, 6)	0.84	0.81	0.85	0.82	0.83	0.74
(2, 3)	0.87	0.85	0.82	0.80	0.84	0.83
(2, 4)	0.83	0.82	0.84	0.83	0.83	0.79
(2, 5)	0.82	0.81	0.81	0.84	0.82	0.84
(2, 6)	0.81	0.84	0.82	0.82	0.82	0.86
(3, 4)	0.80	0.84	0.80	0.81	0.81	0.76
(3, 5)	0.85	0.84	0.84	0.82	0.84	0.81
(3, 6)	0.83	0.81	0.83	0.82	0.82	0.77
(4, 5)	0.82	0.79	0.82	0.84	0.82	0.80
(4, 6)	0.81	0.85	0.81	0.82	0.82	0.83
(5, 6)	0.84	0.79	0.78	0.81	0.81	0.90

如表 5.4 所示，从总相似度来看，15 组河系相似度的比较结果分布在区间 0.81～0.85 上，相似度的分布较为集中，部分相似度的结果接近人的认知结果，例如，样例 1 与样例 2、样例 4 与样例 6 等。然而，部分相似度的结果与人的认知结果相差较大，例如，样例 1 与样例 6、样例 5 与样例 6 等。在样例 1 与样例 6 中，利用本书方法计算的总相似度为 0.83，问卷相似度为 0.74，利用本书方法计算的结果明显高于问卷调查的结果，这是因为样例 6 的河段数目明显小于样例 1 的河段数目，且样例 6 中河段的距离大于样例 1 中河段的距离，所以导致这两个河系的相似度较低。在样例 5 与样例 6 中，利用本书方法计算的总相似度为 0.81，问卷相似度为 0.90，利用本书方法计算的结果明显低于问卷调查的结果，这主要在于两个河系的整体分布情况。例如，在视觉感知上，若两个河系的支流汇入角

度、方向等特征比较接近，则问卷调查结果的相似度较高。从单一指标的相似度来看，平行状河系的河段汇入角度较小，因此，利用本书方法计算的结果均在区间 0.8～0.9 上。河段数目差异较小且河段汇入角度接近的河系的相似度相对较大，反之，相似度相对较小。在 Strahler 编码指标上，两个河系的相似度与河段数目有明显的关联关系，且河段数目差异较小的相似度较高。在伸长比与圆度比指标上，河系流域基本单元越狭长，两个指标对应的值越接近，所以相似度计算的结果也越相近。

5. 扇子状河系

扇子状河系样例如图 5.16 所示。样例 1、2、3、4、5、6 的河段数目分别为 17、29、33、27、23、21。

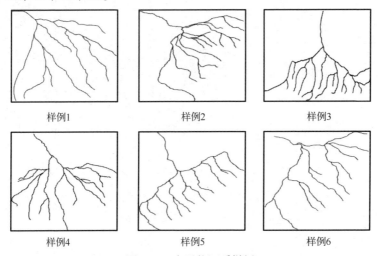

图 5.16　扇子状河系样例

利用 GFT 将河系特征转换到频域中，特征归一化到区间[0,1]。扇子状河系样例的频域特征如图 5.17 所示，发现频域中的特征值能够直观地显示扇子状河系的所有特征。

利用图 5.17 中扇子状河系样例的频域特征，通过投影矩阵计算后，既可以计算任意两个扇子状河系在单一指标上的相似度，也可以计算两者在多个指标上的相似度。扇子状河系的相似度如表 5.5 所示，数值描述了河系之间的相似程度，其中，编号(1,2)表示图 5.16 中的样例 1 与样例 2 进行相似性比较。

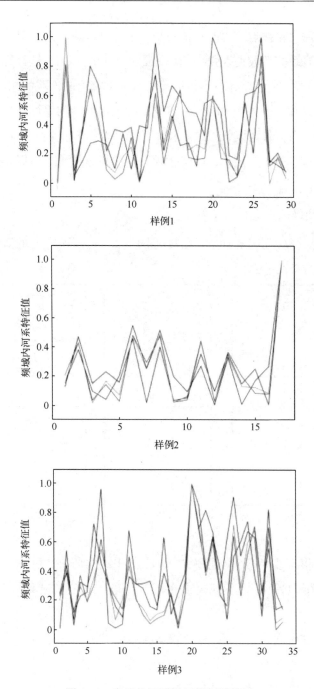

图 5.17 扇子状河系样例的频域特征

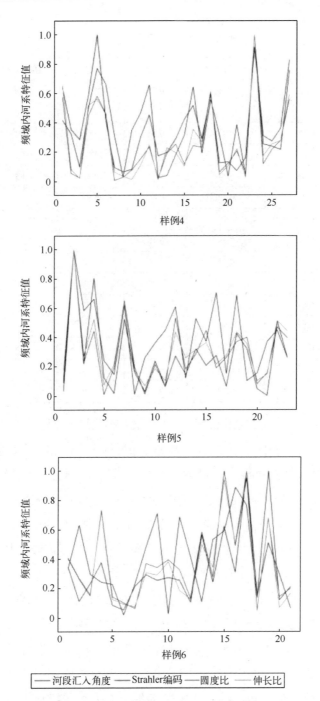

图 5.17　扇子状河系样例的频域特征（续）

表 5.5　扇子状河系的相似度

编号	河段汇入角度	Strahler 编码	伸长比	圆度比	总相似度	问卷相似度
(1, 2)	0.81	0.81	0.79	0.78	0.80	0.84
(1, 3)	0.73	0.79	0.78	0.80	0.78	0.73
(1, 4)	0.79	0.83	0.84	0.82	0.82	0.83
(1, 5)	0.73	0.81	0.72	0.74	0.75	0.69
(1, 6)	0.83	0.84	0.81	0.83	0.83	0.86
(2, 3)	0.80	0.82	0.84	0.85	0.83	0.77
(2, 4)	0.81	0.79	0.84	0.81	0.81	0.82
(2, 5)	0.82	0.80	0.78	0.76	0.79	0.81
(2, 6)	0.85	0.82	0.86	0.89	0.86	0.84
(3, 4)	0.79	0.82	0.75	0.72	0.77	0.81
(3, 5)	0.81	0.78	0.73	0.74	0.77	0.74
(3, 6)	0.83	0.82	0.76	0.79	0.77	0.73
(4, 5)	0.78	0.82	0.78	0.75	0.78	0.75
(4, 6)	0.82	0.82	0.85	0.84	0.83	0.85
(5, 6)	0.83	0.82	0.77	0.79	0.80	0.82

　　如表 5.5 所示，本书的总相似度结果与问卷相似度结果差异不大。样例 1 与样例 4、样例 1 与样例 6、样例 2 与样例 6、样例 4 与样例 6 的总相似度较高，这是因为两个河系的河段汇入角度、Strahler 编码差异不大，且流域基本单元的特征也相对接近。样例 1 与样例 5、样例 3 与样例 4、样例 3 与样例 6 的总相似度较低。从单一指标的相似度来看，在河段汇入角度与 Strahler 编码指标上，两个河系的相似度均在 0.8 左右。在伸长比与圆度比指标上，相比其他 5 个河系样例，样例 3 的流域基本单元相对狭长，利用本书方法计算的相似度结果较低。

　　通过对 5 类形态河系，每类形态河系的 6 个河系样例的相似度结果进行比较与分析，与人的认知结果相比，利用本书方法计算的结果能够包含更多的河系空间结构信息。此外，基于分解的拉普拉斯特征向量几乎可以捕捉到与河系对象空间相似关系相关的任何"空间特征"，从而将空间相似关系和河系的特征都集合到河系形态的分析与测量中。本书提出的方法捕捉到了这些细节，可以更准确地测量同形态河系之间的相似性。

5.3.3   分析比较

本书提出的方法中，在用 CSP 计算投影矩阵后将大图降维到小图时，会丢弃部分节点的特征，因此，选用相同节点数目的不同形态河系，并对其相似度进行计算和分析。在第 4 章的识别结果中，河段数目相同但形态不同的河系如图 5.18 所示。讨论本书提出的方法在计算多形态河系相似度方面的优缺点，图 5.18 中每类形态河系的河段数目均为 33。

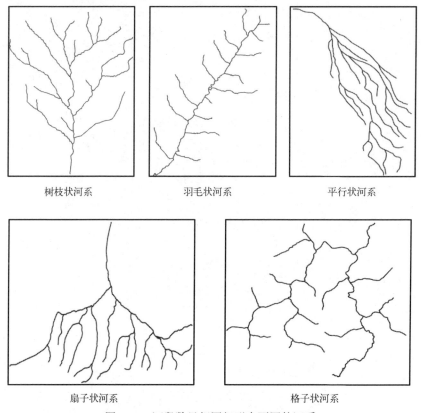

树枝状河系   羽毛状河系   平行状河系

扇子状河系   格子状河系

图 5.18   河段数目相同但形态不同的河系

对图 5.18 中的河系进行 GFT，得到不同形态河系的频域特征如图 5.19 所示。

对图 5.19 中不同形态河系的频域特征分别进行相似度的计算可以得到表 5.6 所示的不同形态河系的相似度。其中，序号 1 表示树枝状河系，序号 2

表示羽毛状河系，序号 3 表示格子状河系，序号 4 表示平行状河系，序号 5 表示扇子状河系。编号 (1,2) 表示树枝状河系与羽毛状河系的相似度。表 5.6 不仅显示了单一指标的河系形态的相似度，还显示了多个指标的河系形态的总相似度。

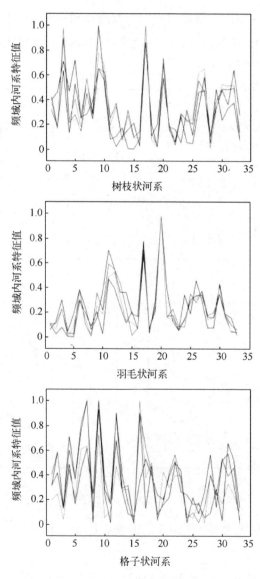

图 5.19　不同形态河系的频域特征

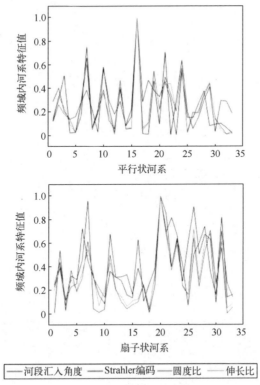

图 5.19 不同形态河系的频域特征（续）

在总相似度与单一指标的相似度结果中，羽毛状河系与其他 4 类形态河系的相似度特别低，而树枝状、格子状、平行状和扇子状河系之间的相似度没有特别明显的不相似。对上述结果进行分析，发现本书提出的方法对河系的结构特征特别敏感。由于羽毛状河系构建的对偶图明显不同于其他 4 类形态河系，因此导致了该结果的出现。树枝状、格子状、平行状和扇子状河系之间的总相似度为 0.68～0.76，这是因为 4 类形态河系结构本身具有高度的相似性，而总相似度可以表示为其特征的相似度。在单一指标的相似度计算中，不同形态河系的相似度存在明显的差异。例如，在河段汇入角度指标上，格子状与平行状河系的相似度为 0.54。在伸长比与圆度比指标上，由于树枝状与扇子状河系的流域基本单元特征相对接近，因此两者的相似度较高。

表 5.6 不同形态河系的相似度

编号	河段汇入角度	Strahler 编码	伸长比	圆度比	总相似度
(1,2)	0.43	0.34	0.35	0.38	0.38
(1,3)	0.60	0.84	0.73	0.69	0.72

续表

编号	河段汇入角度	Strahler 编码	伸长比	圆度比	总相似度
(1,4)	0.59	0.83	0.68	0.71	0.70
(1,5)	0.82	0.81	0.72	0.69	0.76
(2,3)	0.35	0.37	0.29	0.33	0.34
(2,4)	0.38	0.36	0.37	0.34	0.36
(2,5)	0.41	0.37	0.35	0.36	0.37
(3,4)	0.54	0.85	0.64	0.68	0.68
(3,5)	0.61	0.83	0.71	0.69	0.71
(4,5)	0.65	0.80	0.68	0.74	0.72

5.4 小结

计算多形态河系的相似度可以对不同形态河系之间的差异性和相似性进行深入分析，这为河系综合质量评价提供了科学的依据。此外，本书提出的方法还可以帮助人们在海量的河系数据中进行快速、准确的检索，提高数据的利用效率。本书着眼于多形态河系的独特特征，从河系整体层级、局部流域和河段个体 3 个角度描述河系形态的特征。利用 GFT 将河系的特征转换到频域中，有效地融合了河系的形态特征与结构特征。通过度量频域中河系特征的欧氏距离达到了准确计算多形态河系相似度的目的，这一方法具有较高的准确率。最后，分别以同形态河系、河段数目相同但形态不同的河系为研究对象进行实验，结果表明，本书提出的方法对河系的结构特征具有很强的敏感性。

第6章　主要结论与研究展望

6.1　主要结论

在制图综合与空间数据多尺度表达的过程中，空间模式的分析和表达对人们了解地理现象、探索地理规律等方面具有重要的意义，这是因为模式识别能够更加准确地传达地理信息。河系一方面作为多尺度向量数据库中的要素，另一方面作为地形的"骨架线"，在地图数据处理中对其他要素起着制约的作用。为提高多尺度向量数据的智能化处理能力，有效传递尺度变化过程中制图要素反映的地理规律特征，本书以多形态河系为研究对象，开展了对多形态河系的流域基本单元特征、识别方法以及相似度计算的研究，主要研究结论有以下3点。

（1）本书以河系流域基本单元为基础单元，研究了多形态河系流域基本单元的全局特征与局部特征，挖掘了流域基本单元的分布规律。本书从1:250000国家河系向量数据中构建多形态河系数据库，提取流域基本单元并计算其质心距离、周长、面积、长度等基本指标，围绕流域基本单元的质心距离、面积与周长、面积与长度之间关系的关联指标，从全局和局部两个角度定量分析了流域基本单元的特征。实验结果表明：① 在全局角度上，5类形态河系流域基本单元的质心距离呈现出不对称且尖锐聚集的分布特征。从面积与周长、面积与长度之间关系的关联指标中可以看出，5 类形态河系的流域基本单元均有明显的聚集分布特征，主要分布在$[m-2\sigma, m+2\sigma)$，在平均值的两端还呈现出对称分布的特征。② 在局部角度上，不同形态河系在同一等级上以及同形态河系在不同等级上的流域基本单元的质心距离、面积与周长、面积与长度之间关系的关联指标均存在一定的差异。其中，平行状与格子状河系明显不同于其他3类形态河系。平行状河系流域基本单元呈现出狭长的特征，格子状河系流域基本单元呈现出方形的特征。

（2）本书构建了一种考虑河系局部流域形态特征的 GraphSAGE 图神经网络河系形态识别模型，并将其应用于单一形态河系、混合形态河系和多尺度河系的形态识别任务中。首先，从 NSDI、USGS 河系数据库中构建高质量且典型的河系形态样本集。其次，针对典型的河系形态样本集，从河系整体层级、局部流域和河段个体 3 个角度分别提取 4 个典型的河系指标，该指标能够反映河系的水文、几何、流域基本单元形态等特征，进而达到能够准确描述河系形态的目的。再次，构建了基于 GraphSAGE 图神经网络的河系形态识别模型，将描述河系形态的指标作为模型学习的重要特征，通过聚合函数灵活聚合河系的邻居特征，这一方法有效地挖掘了河系的关联特征。最后，通过控制模型的层数、嵌入向量的维度、聚合函数的类别等参数，比较模型在不同参数组合下对河系关联特征的挖掘能力。在测试数据集中，模型识别的整体准确率达 97.25%，尤其在羽毛状和格子状河系的形态识别中，具有更高的识别准确率，这说明本书提出的河系形态指标对这两类河系有突出的描述能力，能够很好地挖掘河段之间的关联特征。此外，在单一形态河系、混合形态河系和多尺度河系的数据上进行测试，本模型均能够准确地识别出河系形态的类型，且实验结果与人类的认知结果一致，说明本书提出的河系形态指标不受河段数目的影响，能够灵活而全面地描述其形态，同时也说明基于 GraphSAGE 图神经网络构建的河系形态识别模型对河段之间的关联特征有强大的挖掘能力。

（3）本书提出了一种面向多形态河系相似度计算的图傅里叶方法，并将其应用于同形态河系与河段数目相同但形态不同的河系的相似度计算中。通过构建河系对偶图，从河系整体层级、局部流域和河段个体 3 个角度描述河系形态的特征，将多形态河系相似度的计算转换为计算两个河系对偶图的结构特征与形态特征的相似度。本方法将河系的形态特征作为一种信号，利用 GFT 对河系的特征进行分解并将其转换到频域中，这一过程融合了河系的形态特征与结构特征，可以有效地提取多形态河系的信息，并将其表示为具有可比性的特征向量，从而更加准确地把握河系的形态特征。此外，通过度量频域中河系特征的欧氏距离，可以准确计算多形态河系的相似度。最后，分别对同形态河系与河段数目相同但形态不同的河系进行实验。实验结果表明，在两种情况下，频域计算的相似度均具有较高的准确率。这说明本书提出的方法对河系的结构特征具有很强的敏感性，特别是在计算羽毛状河系与其他 4 类形态河系的相似度时，无论是基于单一指标还是多个指标进行计算，相似度都与河系的结构特征紧密相关。

6.2　本书创新

本书以地图上的多形态河系为研究对象，重点研究了多形态河系的流域基本单元特征、识别方法以及相似度计算方法，主要创新有以下 3 点。

（1）本书挖掘了多形态河系流域基本单元的特征规律。由于过去对河系局部流域单元特征的研究较少，导致在河系向量数据智能化处理的过程中，对地理特征的考虑不足。因此，本书提出以河系流域基本单元为研究对象，通过考虑流域基本单元的质心距离、面积、周长、长度等基本指标，定量计算了流域基本单元的质心距离、面积与周长、面积与长度之间关联关系的分布特征，从而挖掘了多形态河系流域基本单元的特征规律，明确了多形态河系流域基本单元的整体性和关联性强的特征，较为灵敏地反映了多形态河系的局部流域单元特征。这一研究为河系形态识别、地图综合等提供了重要的理论支撑。

（2）本书提出了顾及河系局部流域单元形态的图神经网络河系形态识别方法。在河系形态识别中，由于传统的识别方法往往未能全面考虑河系形态的特征，因此难以有效利用邻居河段的信息，这导致河系形态识别的准确率不高。为解决这一问题，本书从河系整体层级、局部流域和河段个体 3 个层面探究了影响河系形态的因素，并构建了河系形态的描述指标体系。这一体系不仅能够反映河系的局部流域单元特征，还能够反映河系的全局特征，从而在一定程度上避免了因考虑因素不全而导致的河系形态识别不准确的问题。针对河系形态的识别，本书进一步提出了基于 GraphSAGE 的图神经网络方法。通过构建河系对偶图，本书将河段特征作为神经网络学习的重点对象。利用邻居采样函数和聚合函数，该方法能够灵活地采样邻居河段信息并传递河段之间的关联特征，从而挖掘出更高层次的形态特征，显著提高河系形态识别的准确率。相较于基于规则的识别方法，该方法克服了规则设置过于严格、需要人工设置参数以及模式适应范围有限等缺点。

（3）本书提出了面向多形态河系相似度计算的图傅里叶方法。为准确计算多形态河系的相似度，避免在此过程中出现对河系形态特征考虑不足以及难以有效利用多形态河系的结构特征的问题，本书提出了面向多形态河系相似度计算的图傅里叶方法。通过构建对偶图，本书将河段特征作为计算多形态河系相似度的重要对象，将计算两个河系的相似度转换为计算两个河系对偶图的相似度。本书以多形态河系的独特特征为主要的度量目标，选择描述河系形态的特征，并利用GFT 将河系的特征转换到频域中。该方法可以有效提取多形态河系的结构特征与形态特征，并将其表示为具有可比性的特征向量，进而计算频域中两个河系特征的欧氏距离，最终得到多形态河系的相似度。

6.3 存在的问题及研究展望

本书从地图综合的角度出发，研究了多形态河系的流域基本单元特征、识别方法以及相似度计算方法，取得了一定的成果，为多形态河系的智能化处理提供了重要的理论与技术支撑。然而，本书的研究仍存在一些不足，未来可以从以下 3 个方面进一步完善与深入研究。

（1）针对河系流域基本单元范围的提取，本书采用的方法是一种近似的提取方法，所考虑的指标尚不完善。在后续研究中，人们可以结合 DEM 数据来提取更加准确的河系流域基本单元的范围，并寻找更加全面的指标，从而更精确地分析流域基本单元的特征规律。此外，本书所提及的河系形态种类尚不全面，因此，需要进一步增加对典型形态河系的分析，以发现更多形态河系的流域基本单元特征。

（2）本书提出的河系形态识别方法目前主要针对人工分割得到的河系，这种方法不利于河系的自动综合。因此，在后续研究中，可以结合本书所提出的河系流域基本单元的特征，采用聚类的方法，将特征相似的河段进行聚集，从而实现河系形态范围的自动分割，这将有助于提高河系综合的自动化水平。

（3）在利用本书提出的多形态河系相似度计算方法计算目标河系的相似度时，如果两个河系的河段数目不同，即图的大小不一致，此时需要将河段数目较多的河系降维到与河段数目较小的河系一致，才能计算其相似度。虽然该过程中利用 CSP 实现了降维，但丢弃了河系的部分特征信息。因此，后续研究将结合节点嵌入学习，生成统一长度的特征向量，以减少特征损失，从而计算更加准确的相似度。

参 考 文 献

[1]   CHURCH M. Geomorphic thresholds in riverine landscapes[J]. Freshwater Biology, 2002, 47(4): 541-557.

[2]   ISLAM A, GUCHHAIT S K. Characterizing cross-sectional morphology and channel inefficiency of lower Bhagirathi River, India, in post Farakka Barrage condition[J]. Natural Hazards, 2020, 103(3): 3803-3836.

[3]   HOWARD A D. Drainage analysis in geologic interpretation: a summation[J]. Aapg Bulletin, 1967, 51(11): 2246-2259.

[4]   ABRAHAMS A D, FLINT J J. Geological controls on the topological properties of some trellis channel networks[J]. Geological Society of America Bulletin, 1983, 94(1): 80-91.

[5]   GRABOWSKI R C, SURIAN N, GURNELL A M. Characterizing geomorphological change to support sustainable river restoration and management[J]. Wiley Interdisciplinary Reviews: Water, 2014, 1(5): 483-512.

[6]   PERRON J T, ROYDEN L. An integral approach to bedrock river profile analysis[J]. Earth Surface Processes and Landforms, 2013, 38(6): 570-576.

[7]   艾廷华,刘耀林,黄亚锋. 河网汇水区域的层次化剖分与地图综合[J]. 测绘学报,2007(2): 231-236, 243.

[8]   王家耀, 孙群, 王光霞, 等. 地图学原理与方法（第二版）[M]. 北京：科学出版社，2014.

[9]   王家耀, 李志林, 武芳. 数字地图综合进展[M]. 北京：科学出版社，2011.

[10]   YAN H W. Quantifying spatial similarity for use as constraints in map generalisation[J]. Journal of Spatial Science, 2022: 1-20.

[11]   武芳, 巩现勇, 杜佳威. 地图制图综合回顾与前望[J]. 测绘学报, 2017, 46(10): 1645-1664.

[12]   何宗宜, 宋鹰. 普通地图编制[M]. 武汉：武汉大学出版社，2015.

[13]   祝国瑞, 郭礼珍, 尹贡白, 等. 地图设计与编绘[M]. 武汉：武汉大学出版社，2001.

[14] ZHANG L, GUILBERT E. Evaluation of river network generalization methods for preserving the drainage pattern[J]. ISPRS International Journal of Geo-Information, 2016, 5(12): 230.

[15] JUNG K, MARPU P R, OUARDA T B. Impact of river network type on the time of concentration[J]. Arabian Journal of Geosciences, 2017, 10(24): 1-17.

[16] GÉNEVAUX J D, GALIN É, GUÉRIN E, et al. Terrain generation using procedural models based on hydrology[J]. ACM Transactions on Graphics (TOG), 2013, 32(4): 1-13.

[17] BRASSEL K E, WEIBEL R. A review and conceptual framework of automated map generalisation[J]. International Journal of Geographical Information Systems, 1988, 2(3): 229-244.

[18] BAHRAMI S, CAPOLONGO D, MOFRAD M R. Morphometry of drainage basins and stream networks as an indicator of active fold growth (Gorm anticline, Fars Province, Iran)[J]. Geomorphology, 2020, 355: 107086.

[19] MACHUCA S, GARCÍA-DELGADO H, VELANDIA F. Studying active fault-related folding on tectonically inverted orogens: A case study at the Yariguíes Range in the Colombian Northern Andes[J]. Geomorphology, 2021, 375: 107515.

[20] 刘呈熠. 水系要素典型空间分布模式识别方法研究[D]. 郑州: 战略支援部队信息工程大学, 2022.

[21] ZHANG L, GUILBERT E. A genetic algorithm for tributary selection with consideration of multiple factors[J]. Transactions in GIS, 2017, 21(2): 332-358.

[22] 陈林. 汇水区域约束的等高线与河网智能协同综合方法研究[D]. 南京: 南京师范大学, 2014.

[23] 王家耀, 何宗宜, 蒲英霞, 等. 地图学[M]. 北京: 测绘出版社, 2016.

[24] 舒方国. 基于多 Agent 的等高线与河流协同综合方法研究[D]. 南京: 南京师范大学, 2012.

[25] 李国辉, 许文帅, 龙毅, 等. 面向等高线与河流冲突处理的多约束移位方法[J]. 测绘学报, 2014, 43(11): 1204-1210.

[26] CHENG L, CHEN T S, GUO Q S, et al. Integrated generalization method of contours and rivers considering geographic characteristics[J]. Geocarto International, 2023, 38(1): 1-16.

[27] 刘民士，龙毅，费立凡. 地貌与水系自动综合研究综述[J]. 地理与地理信息科学，2015, 31(5): 48-52, 96.

[28] YAN H W, LI J T. Spatial similarity relations in multi-scale map spaces[M]. Cham, Switzerland: Springer International Publishing, 2015.

[29] 闫浩文, 褚衍东. 多尺度地图空间相似关系基本问题研究[J]. 地理与地理信息科学, 2009, 25(4): 42-44, 48.

[30] 王荣，闫浩文，禄小敏. 多尺度等高线簇拓扑关系定量表达方法研究[J]. 武汉大学学报（信息科学版），2022, 47(4): 579-588.

[31] DEVIA G K, GANASRI B P, DWARAKISH G S. A review on hydrological models[J]. Aquatic procedia, 2015, 4: 1001-1007.

[32] SIVIGLIA A, CROSATO A. Numerical modelling of river morphodynamics: latest developments and remaining challenges[J]. Advances in Water Resources, 2016, 93(Part A): 1-3.

[33] MONTGOMERY D R. Process domains and the river continuum[J]. JAWRA Journal of the American Water Resources Association, 1999, 35(2): 397-410.

[34] STRAHLER A N. Quantitative analysis of watershed geomorphology[J]. Transactions, American Geophysical Union, 1957, 38(6), 913-920.

[35] THOMS M, SCOWN M, FLOTEMERSCH J. Characterization of river networks: a GIS approach and its applications[J]. JAWRA Journal of the American Water Resources Association, 2018, 54(4): 899-913.

[36] 张园玉. 河系自动符号化的研究与实现[D]. 武汉：武汉大学，2005.

[37] 杨飞. 多尺度河系几何相似性计算模型[D]. 兰州：兰州交通大学，2022.

[38] 谭笑，武芳，黄琦，等. 主流识别的多准则决策模型及其在河系结构化中的应用[J]. 测绘学报，2005(2): 154-160.

[39] LEE F, SIMON K, PERRY G L. River networks: An analysis of simulating algorithms and graph metrics used to quantify topology[J]. Methods in Ecology and Evolution, 2022, 13(7): 1374-1387.

[40] MANTILLA R, TROUTMAN B M, GUPTA V K. Testing statistical self-similarity in the topology of river networks[J]. Journal of Geophysical Research: Earth Surface, 2010, 115(3).

[41] ORUONYE E D, EZEKIEL B B, ATIKU H G, et al. Drainage basin morphometric parameters of River Lamurde: implication for hydrologic and geomorphic processes[J]. Journal of Agriculture and Ecology Research, 2016, 5(2): 1-11.

[42] 芮孝芳, 陈界仁. 河流水文学[M]. 南京：河海大学出版社, 2003.

[43] 赵春燕. 水系河网的 Horton 编码与图形综合研究[D]. 武汉：武汉大学, 2004.

[44] 李成名, 殷勇, 吴伟, 等. Sroke 特征约束的树枝状河系层次关系构建及简化方法[J]. 测绘学报, 2018, 47(4): 537-546.

[45] 张青年. 逐层分解选取指标的河系简化方法[J]. 地理研究, 2007(2): 222-228.

[46] AI T H, LIU Y L, CHEN J. The hierarchical watershed partitioning and data simplification of river network[C]. Progress in Spatial Data Handling: 12th International Symposium on Spatial Data Handling. Springer Berlin Heidelberg, 2006: 617-632.

[47] 翟仁键, 薛本新. 面向自动综合的河系结构化模型研究[J]. 测绘科学技术学报, 2007(4): 294-298, 302.

[48] 段佩祥, 钱海忠, 何海威, 等. 案例支撑下的朴素贝叶斯树枝状河系自动分级方法[J]. 测绘学报, 2019, 48(8): 975-984.

[49] 刘合辉, 陶文, 冯涛. 小比例尺制图中河流渐变绘制研究[J]. 地理与地理信息科学, 2011, 27(1): 33-37.

[50] 毋河海. 自动综合的结构化实现[J]. 武汉测绘科技大学学报, 1996(3): 79-87.

[51] YAN H W, SHEN Y Z, LI J T. Approach to calculating spatial similarity degrees of the same river basin networks on multi-scale maps[J]. Geocarto International, 2016, 31(7): 765-782.

[52] 张鑫文, 闫浩文. 河流要素比例尺变化与中位数 Hausdorff 距离的关系[J]. 测绘学报, 2023, 52(08): 1364-1374.

[53] JUNG K, SHIN J Y, PARK D Y. A new approach for river network classification based on the beta distribution of tributary junction angles[J]. Journal of Hydrology, 2019, 572: 66-74.

[54] DONADIO C, BRESCIA M, RICCARDO A, et al. A novel approach to the classification of terrestrial drainage networks based on deep learning and preliminary results on solar system bodies[J]. Scientific Reports, 2021, 11(1): 1-13.

[55] YU H F, AI T H, YANG M, et al. A recognition method for drainage patterns using a graph convolutional network[J]. International Journal of Applied Earth Observations and

Geoinformation, 2022, 107: 102696.

[56] MARQUES J P, DE S. Pattern recognition: concepts, methods and applications[M]. Berlin: Springer Science & Business Media. 2001.

[57] JARVIS R S. Classification of nested tributary basins in analysis of drainage basin shape[J]. Water Resources Research, 1976, 12(6): 1151-1164.

[58] STANISLAWSKI L V. Feature pruning by upstream drainage area to support automated generalization of the United States National Hydrography Dataset[J]. Computers, Environment and Urban Systems, 2009, 33(5): 325-333.

[59] JUNG K, OUARDA T. Analysis and classification of channel network types for intermittent streams in the United Arab Emirates and Oman[J]. Journal of Civil & Environmental Engineering, 2015, 05(5).

[60] TUNAS I G, ANWAR N, LASMINTO U. A synthetic unit hydrograph model based on fractal characteristics of watersheds[J]. International Journal of River Basin Management, 2019, 17(4): 465-477.

[61] MOKARRAM M, POURGHASEMI H R, TIEFENBACHER J P, et al. Prediction of drainage morphometry using a genetic landscape evolution algorithm[J]. Geocarto International, 2022, 37(5): 1364-1377.

[62] PEREIRA-CLAREN A, GIRONÁS J, NIEMANN J D, et al. Planform geometry and relief characterization of drainage networks in high-relief environments: An analysis of Chilean Andean basins[J]. Geomorphology, 2019, 341: 46-64.

[63] ZERNITZ E R. Drainage patterns and their significance[J]. The Journal of Geology, 1932, 40(6): 498-521.

[64] ARGIALAS D P, LYON J G, MINTZER O W. Quantitative description and classification of drainage patterns[J]. Photogrammetric Engineering and Remote Sensing, 1988, 54(4): 505-509.

[65] TWIDALE C R. River patterns and their meaning[J]. Earth Science Reviews, 2004, 67(3-4): 159-218.

[66] ICHOKU C, CHOROWICZ J. A numerical approach to the analysis and classification of channel network patterns[J]. Water Resources Research, 1994, 30(2): 161-174.

[67] 郭庆胜，黄远林. 树枝状河系主流的自动推理[J]. 武汉大学学报（信息科学版），2008, 33(9): 978-981.

[68] 杜清运，杨品福，谭仁春. 基于空间统计特征的河网结构分类[J]. 武汉大学学报（信息科学版），2006, 31(5): 419-422.

[69] 刘怀湘，王兆印. 河网形态与环境条件的关系[J]. 清华大学学报(自然科学版)，2008(9): 1408-1412.

[70] ZHANG L, GUILBERT E. Automatic drainage pattern recognition in river networks[J]. International Journal of Geographical Information Science, 2013, 27(12): 2319-2342.

[71] MEJÍA A, NIEMANN J D. Identification and characterization of dendritic, parallel, pinnate, rectangular, and trellis networks based on deviations from planform self-similarity[J]. Journal of Geophysical Research Earth Surface, 2008, 113(F2): 1-12.

[72] REICHSTEIN M, CAMPS-VALLS G, et al. Deep learning and process understanding for data-driven Earth system science[J]. Nature, 2019, 566(7743), 195-204.

[73] 陈占龙，吴亮，周林，等. 地理空间场景相似性度量理论、方法与应用[M]. 武汉：中国地质大学出版社，2016.

[74] 郭旦怀. 基于空间场景相似性的地理空间分析[M]. 北京：科学出版社，2016.

[75] 杨飞，王中辉. 河系几何相似性的层次度量方法[J]. 地球信息科学学报，2021, 23(12): 2139-2150.

[76] 刘涛，杜清运，毛海辰. 空间线群目标相似度计算模型研究[J]. 武汉大学学报（信息科学版），2012, 37(8): 992-995.

[77] 芮孝芳. 水文学原理[M]. 北京：中国水利水电出版社，2004.

[78] 曹鹏举. 祁连山东段庄浪河流域地貌特征及其构造指示意义[D]. 西安：长安大学，2022.

[79] 刘辉凤. 基于流域地貌特征的水系结构及河网片段化研究[D]. 天津：天津大学，2019.

[80] 芮孝芳，蒋成煜. 流域水文与地貌特征关系研究的回顾与展望[J]. 水科学进展，2010, 21(4): 444-449.

[81] 李思倩. 顾及密度对比的点状与线状要素制图综合选取方法研究[D]. 南京：南京大学，2019.

[82] 顾腾. 顾及空间特征的河网自动选取及化简方法研究[D]. 南昌：东华理工大学，2017.

[83] SHREVE R L. Statistical law of stream numbers[J]. The Journal of Geology, 1966, 74(1):

17-37.

[84]   WALSH F. Application of stream order numbers to the Merrimack River basin[J]. Water Resources Research, 1972, 8(1): 141-144.

[85]   承继成，江美球. 流域地貌数学模型[M]. 北京：科学出版社，1986.

[86]   HORTON R E. Drainage basin characteristics[J]. Transactions, American Geophysical Union, 1945, 26(4): 937-946.

[87]   张青年. 顾及密度差异的河系简化[J]. 测绘学报，2006, 35(2): 191-196.

[88]   PATTON P C, BAKER V R. Morphometry and floods in small drainage basins subject to diverse hydrogeomorphic controls[J]. Water Resources Research, 1976, 12(5): 941-952.

[89]   THOMAS J, JOSEPH S, THRIVIKRAMAJI K P. Morphometric aspects of a small tropical mountain river system, the southern Western Ghats, India[J]. International Journal of Digital Earth, 2010, 3(2): 135-156.

[90]   IBRAMPURKAR M M, CHACHADI A G. Hydrogeological assessment of mountainous Mhadei River Watershed-Western Ghats Region[J]. International Journal of Earth Sciences and Engineering, 2012, 5(1): 92-100.

[91]   HORTON R E. Drainage-basin characteristics[J]. Transactions, American geophysical union, 1932, 13(1): 350-361.

[92]   SCHUMM S A. Evolution of drainage systems and slopes in badlands at Perth Amboy, New Jersey[J]. Geological Society of America Bulletin, 1956, 67(5): 597-646.

[93]   CHORLEY R J, DONALD-MALM E G, POGORZELSKI H A. A new standard for estimating drainage basin shape[J]. American journal of science, 1957, 255(2): 138-141.

[94]   BRACKEN L J, CROKE J. The concept of hydrological connectivity and its contribution to understanding runoff-dominated geomorphic systems[J]. Hydrological Processes: An International Journal, 2007, 21(13): 1749-1763.

[95]   MONTGOMERY D R, BUFFINGTON J M. Channel-reach morphology in mountain drainage basins[J]. Geological Society of America Bulletin, 1997, 109(5): 596-611.

[96]   王文宁，闫浩文，禄小敏，等. 地图上的河系自动综合研究综述[J]. 地理与地理信息科学，2021, 37(5): 1-8.

[97]   魏智威，丁愫，童莹，等. 格式塔原则与图形凸分解结合的建筑物群直线模式识别方法

[J]. 测绘学报，2023, 52(1): 117-128.

[98]　郭庆胜. 河系的特征分析和树枝状河系的自动结构化[J]. 地矿测绘，1999, (4): 7-9.

[99]　WU Z H, PAN S R, CHEN F W, et al. A comprehensive survey on graph neural networks[J]. IEEE transactions on neural networks and learning systems, 2020, 32(1): 4-24.

[100]　THIDA M, ENG H L, REMAGNINO P. Laplacian eigenmap with temporal constraints for local abnormality detection in crowded scenes[J]. IEEE Transactions on Cybernetics, 2013, 43(6): 2147-2156.

[101]　曹炜威. 城市道路网结构复杂性定量描述及比较研究[D]. 成都：西南交通大学，2015.

[102]　孙维亚. 基于 DEM 的河网结构分形研究与分析[D]. 成都：西南交通大学，2015.

[103]　HAMILTON W L, YING R, LESKOVEC J. Representation learning on graphs: methods and applications[J]. arXiv preprint arXiv: 1709.05584, 2017.

[104]　SCARSELLI F, GORI M, TSOI A C, et al. The graph neural network model[J]. IEEE transactions on neural networks, 2008, 20(1): 61-80.

[105]　SHUMAN D I, NARANG S K, FROSSARD P, et al. The emerging field of signal processing on graphs: Extending high-dimensional data analysis to networks and other irregular domains[J]. IEEE signal processing magazine, 2013, 30(3): 83-98.

[106]　MONTGOMERY D R, FOUFOULA-GEORGIOU E. Channel network source representation using digital elevation models[J]. Water Resources Research, 1993, 29(12): 3925-3934.

[107]　MACEACHREN A M. Compactness of geographic shape: comparison and evaluation of measures[J]. Geografiska Annaler: Series B, Human Geography, 1985, 67(1): 53-67.

[108]　DARA S, DHAMERCHERLA S, JADAV S S, et al. Machine learning in drug discovery: a review[J]. Artificial Intelligence Review, 2022, 55(3): 1947-1999.

[109]　HE Y, ZHAO Z A, YANG W, et al. A unified network of information considering superimposed landslide factors sequence and pixel spatial neighbourhood for landslide susceptibility mapping[J]. International Journal of Applied Earth Observation and Geoinformation, 2021, 104: 102508.

[110]　PAL S C, RUIDAS D, SAHA A, et al. Application of novel data-mining technique-based nitrate concentration susceptibility prediction approach for coastal aquifers in India[J]. Journal of Cleaner Production, 2022, 131205.

[111] RUIDAS D, PAL S C, ISLAM T, et al. Characterization of groundwater potential zones in water-scarce hardrock regions using data driven model[J]. Environmental Earth Sciences, 2021, 80(24): 1-18.

[112] YU W H, CHEN Y J. Filling gaps of cartographic polylines by using an encoder-decoder model[J]. International Journal of Geographical Information Science, 2022, 36(11): 2296-2321.

[113] YANG M, YUAN T, YAN X F, et al. A hybrid approach to building simplification with an evaluator from a backpropagation neural network[J]. International Journal of Geographical Information Science, 2022, 36(2): 280-309.

[114] KIPF T N, WELLING M. Semi-supervised classification with graph convolutional networks[C]// 2016.

[115] HAMILTON W, YING Z, LESKOVEC J. Inductive representation learning on large graphs [J]. Advances in Neural Information Processing Systems. 2017: 1024-1034.

[116] DESA J M. Pattern recognition: concepts, methods and applications[M]. Berlin: Springer Science & Business Media, 2001.

[117] AI T H, LIU Y L, CHEN J. The hierarchical watershed partitioning and data simplification of river network[M]. Progress in Spatial Data Handling, Berlin Heidelberg, the United Kingdom: Springer, 2006.

[118] PAIVA J, EGENHOFER M J. Robust inference of the flow direction in river networks[J]. Algorithmica, 2000, 26 (2): 315-333.

[119] SERRES B, ROY A G. Flow direction and branching geometry at junctions in dendritic river networks[J]. The Professional Geographer, 1990, 42 (2), 194-201.

[120] PIERI D C. Junction angles in drainage networks[J]. Journal of Geophysical Research Solid Earth, 1984, 89(8): 6878-6884.

[121] HACKNEY C, CARLING P. The occurrence of obtuse junction angles and changes in channel width below tributaries along the Mekong River, south-east Asia[J]. Earth Surface Processes & Landforms, 2011, 36(12): 1563-1576.

[122] DU P J, BAI X Y, TAN K, et al. Advances of four machine learning methods for spatial data handling: A review[J]. Journal of Geovisualization and Spatial Analysis, 2020, 4(1): 1-25.